DECO COOKIE BOOK

彩绘♡装饰小饼干

（日）Junko 著

谭颖文 译

辽宁科学技术出版社

沈 阳

介绍
INTRODUCTION

普通的
饼干面糊

步骤 1

步骤 2

透过原创的纸型
还有装饰

步骤 3

步骤 4

步骤 5

就可以变得
如此可爱!

完成 !!!

"哇！好可爱！"
见到的人都会发出这样的感叹

不需要特别的材料，任何人都可以轻松制作的饼干。
有很多人第一次所做的点心就是饼干。
如此贴近我们日常生活的饼干，只要将面糊着色，再利用原创的纸型切割出形状，或是装饰一下，就可以做出前所未有、可爱又特别的甜点！

国外的绘本、各式各样的百货、流行的咖啡馆招牌和餐具的图案，利用从各种不同地方获得的灵感，产生出Junko流"彩绘 ♡ 装饰小饼干"。看起来就像是件小巧的艺术品一样。

将着色面皮加以切划或重叠，完成后有一种莫名的兴奋感。烘烤完成打开烤箱时，有让人心跳加速的期待感。当完成可爱的小饼干时，是多么兴高采烈呀！每个瞬间都是那么快乐，让人想多做几次、多烤几片！

做出了忍不住想拿出来展示或当作伴手礼的特别点心，是任何地方都买不到，只属于自己的特别饼干。为了重要的人或特别的日子，大家试着做做看吧！

Junko

目录 Contents

第三章
PART
3

亮闪闪的
彩绘玻璃饼干

第四章
PART
4

揉揉捏捏好有趣的
雪球饼干

Junko

Junko的职业是一名设计师。同时，为了使自己所喜欢的糕点制作能更进一步，她重新进入短期大学学习料理学与营养学。她拥有食品专家、饮食生活咨询师资格，十分擅长做出一看就会惊讶得令人称赞的点心。她的博客点击率超过百万，其中展示的作品只要稍稍下点功夫就可以做得很可爱。同时，她也出版过多部作品，深受读者喜爱。

第五章
PART
5

在特别的日子里想来制作的立体饼干！
饼干手工艺品

专栏 COLUMN

本书的使用说明

○1小匙=5ml，1大匙=15ml，1杯=200ml。

○使用中型鸡蛋、无盐黄油。

○食用色素视品牌的不同，颜色状况会有差异。请参考食谱上的分量，分次少量地加入，以调整颜色。

○烤箱所使用的是电烤箱。食谱上的温度和烘烤时间仅供参考。依烤箱使用年数和种类的不同会有所差异，请视实际烘烤的颜色等情况自行调整。

COLORFUL COOKIE

用着色面团制作色彩缤纷的饼干

面团加上缤纷的颜色之后，饼干变得更加有趣了。以原创的纸型制作的饼干，造型独特，独一无二。

将各部位加以组合，制作出有立体感的饼干吧！

青蛙王子 FROG PRINCE

青蛙王子

表情逗人可爱的小青蛙，再加上用另一种颜色的面团做的皇冠。容易切出的简单形状，即使是初次制作也可轻易完成。尝试画出各种不同的表情，也是件很有趣的事喔！

> > 做法P10

青蛙王子　　纸型＞＞P96

材料［6片］

饼干面糊

无盐黄油	50g
糖粉	50g
盐	1小撮
蛋黄	1个
低筋面粉	120g
食用色素（绿）	少许

糖霜

蛋白	5g（1小匙）
糖粉	25～35g
黑可可粉	少许

装饰

银色糖珠（大、小）	各适量

事前准备

○ 黄油置于室温下软化。

○ 糖粉、低筋面粉分别过筛。

○ 烤箱预热至170℃。

○ 以烤盘纸制作2个圆锥形挤花袋（参照下列说明）。

圆锥形挤花袋的做法

1 将烤盘纸裁剪成边长30cm的正方形，沿着对角线对折成三角形。

2 再次对折，并以裁切刀沿着折痕裁开（裁出4片三角形）。

3 在三角形底边的正中间稍微折出一道折痕。

4 以底边折痕处作为圆锥形挤花袋的尖端，卷成圆锥状。

5 卷完后将尾端用订书器订好固定。

6 装入糖霜等材料，尖端处再用剪刀剪掉约1mm。

圆锥形挤花袋

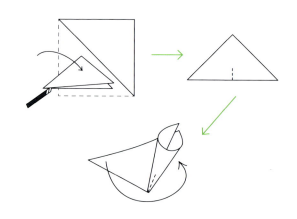

做法

制作饼干面团

1　将黄油放进调理盆中，用打蛋器搅打至呈乳霜状。分3次加入糖粉后，充分搅拌均匀至泛白的程度。

2　加入盐和蛋黄搅拌均匀。

3　制作原色面团：从做法2中取出20g，加上20g的低筋面粉，用橡皮刮刀以切拌方式混合。面粉混合均匀后，用橡皮刮刀以刮拌的方式继续搅拌成团状，再包上保鲜膜，放入冰箱静置1小时。

4　制作绿色面糊：在做法2剩下的黄油蛋糊里加入食用色素（绿）拌匀，再加入100g的低筋面粉，以与做法3相同方式混合后，放入冰箱静置1小时。

<原色> 黄油蛋糊20g
低筋面粉20g
<绿色> 黄油蛋糊约95g（剩下的全部）
食用色素（绿）
低筋面粉100g

切出饼干造型并烘烤

5　取出做法3、4置于撒好手粉（低筋面粉，分量外）的工作台面上，分别用擀面棍擀成4mm的厚度（※在面团两侧放置4mm厚的木板或量尺，再滚动擀面杖，即可擀出厚度一致的面皮）。

6　将纸型剪开，分成青蛙和皇冠2个图案，青蛙纸型置于绿色面皮上、皇冠纸型置于原色面皮上，再用刀子沿着纸型切下来，完成图案。

7　将做法6的青蛙和皇冠粘在一起，在排入铺好烤盘纸的烤盘上，放入烤箱中，以170℃烘烤12～14分钟，再放置于网架上冷却。
・注意，若中途看到饼干表面开始上色时，请盖上铝箔纸，避免上色太深。

以糖霜装饰

8　将蛋白放进调理盆中，加入25g的糖粉，用橡皮刮刀搅拌至均匀滑顺。取出1/4量备用，剩下的3/4量则依情况一点一点地加入糖粉，调整至以橡皮刮刀舀起时，糖霜会慢慢滴落的程度，装入圆锥形挤花袋中，完成白色糖霜。

9　在做法8取出的糖霜里加入黑可可粉，搅拌均匀（若结块的话，请加水调整）。装入另一个圆锥形挤花袋中，完成黑色糖霜。

10　将做法7的饼干完全冷却后，以白色糖霜画出青蛙的白色眼球、鼻子、嘴巴。干燥后再以黑色糖霜画出黑色眼球。

11　在皇冠的尖端处挤上少量白色糖霜，再放上银色糖珠。

ALICE IN WONDERLAND

爱丽丝梦游仙境

将各部位像拼图般交叠在一起，打造出立体感的爱丽丝。再搭配少许用糖浆绘制的扑克牌饼干。

> >做法P14

LITTE RED
RIDING HOOD

小红帽&大灰狼

同绘本中的可爱模样一样！因为细小
的部位较多，所以要将操作外的面皮
放入冰箱，避免面皮塌软。

> > 做法P16

爱丽丝梦游仙境 纸型＞＞P96

材料［3组］

饼干面糊

无盐黄油	100g
糖粉	100g
盐	1小撮
蛋黄	2个
低筋面粉	230g
食用色素（蓝、黄）	各少许

糖霜

蛋白	5g（1小匙）
糖粉	25～35g
食用色素（红、蓝）	各少许
黑可可粉	1/4小匙

事前准备

○黄油置于室温下软化。

○将糖粉、低筋面粉分别过筛。

○烤箱预热至170℃。

○以烤盘纸制作4个圆锥形挤花袋
（参照P10）。

做法

制作饼干面团

1 同P11"青蛙王子"的做法 1、2 的方式制作黄油蛋糊。

2 按照下表标示分量，将做法**1**分至3个调理盆中，并在其中2个调理盆里，分别加入食用色素，搅拌均匀。接着再加入低筋面粉，用橡皮刮刀以切拌方式混合。

＜蓝绿色＞	黄油蛋糊40g
	食用色素（蓝）少许
	低筋面粉40g
＜黄色＞	黄油蛋糊60g
	食用色素（黄）少许
	低筋面粉60g
＜原色＞	黄油面糊约130g（剩下的全部）
	低筋面粉130g

3 面粉混合均匀后，用橡皮刮刀以刮板方式继续搅拌成团状，再包上保鲜膜，放入冰箱静置1小时。

切出饼干造型并烘烤

4 将面团取出置于撒好手粉（低筋面粉，分量外）的工作台面上，分别用擀面杖擀开成4mm的厚度。将纸型置于原色面皮上，用刀子切出造型。运用剩下的面块，切成12片3.5cm×3cm的方形面片，做出扑克牌造型。

5 将纸型沿着内侧线条——剪开，置于做法**4**剩下的面皮上，切出以下的图案。

<蓝绿色>爱丽丝的洋装袖子、裙子、蝴蝶结
<黄色>爱丽丝的头发
<原色>爱丽丝的脸部、洋装的领子、围裙、手、脚

6 将做法**4**的面皮放在铺好烤盘纸的烤盘上，再将做法**5**的各个部位组合成爱丽丝的图案。放入烤箱中，以170℃烘烤14～16分钟。若中途看到饼干表面开始上色时，请盖上铝箔纸。烘烤完成后，置于网架上冷却。

以糖霜装饰

7 将蛋白放进调理盆中，加入25g的糖粉，用橡皮刮刀搅拌至均匀滑顺。取出1/4量备用，剩下的3/4量则依情况一点一点地加入糖粉，调整至以橡皮刮刀舀起时，糖霜会慢慢滴落的硬度。接着将糖霜分成3等份，分别加上食用色素搅拌均匀，做成红色、粉红色、蓝色的糖霜，再分别装入圆锥形挤花袋中。

8 在做法**7**取出的糖霜里加入黑可可粉搅拌均匀，完成质地相同的黑色糖霜（若结块时，请加水调整）。将其装入圆锥形挤花袋中。

9 待做法**6**的饼干完全冷却后，以蓝色糖霜画出爱丽丝的眼睛，以粉红色糖霜画出脸颊。再以黑色糖霜画出爱丽丝的鼻子和嘴巴、扑克牌的黑桃和梅花，以红色糖霜画出扑克牌的红心和方块。

LITTLE RED RIDING HOOD

小红帽 & 大灰狼 纸型>>P96

材料 [2组]

饼干面糊

无盐黄油	50g
糖粉	55g
盐	1小撮
蛋黄	1个
低筋面粉	110g
食用色素（红）	少许
可可粉	10g

糖霜

蛋白	5g（1小匙）
糖粉	25g～35g
食用色素（红、黄）	各少许
黑可可粉	1/4小匙

事前准备

○ 黄油置于室温下软化。

○ 糖粉、低筋面粉分别过筛。

○ 烤箱预热至170℃。

○ 以烤盘纸制作3个圆锥形挤花袋
（参照P10）。

做法

制作饼干面团

1 同P11"青蛙王子"的做法①、②的方式制作黄油蛋糊。

2 按照下表标示分量，将做法**1**分至3个调理盆中，并在其中2个调理盆里，分别加入食用色素和可可粉，搅拌均匀。再分别加入低筋面粉，用橡皮刮刀以切拌方式混合。

<红色>	黄油蛋糊45g
	食用色素（红）少许
	低筋面粉45g
<褐色>	黄油蛋糊45g 可可粉10g
	低筋面粉45g
<原色>	黄油蛋糊约30g（剩下的全部）
	低筋面粉30g

3 面粉混合均匀后，用橡皮刮刀以刮拌方式继续拌成团状，再包上保鲜膜，放入冰箱静置1小时。

切出饼干造型并烘烤

4 将面团取出置于撒好手粉（低筋面粉，分量外）的工作台面上，分别用擀面杖擀开成4mm的厚度。将小红帽纸型置于红色面皮、大灰狼纸型置于褐色面皮上，再用刀子切出外形。

5 将纸型沿着内侧的线剪开，置于做法**4**剩下的面皮上，切出以下的图案。

<红色>大灰狼的鼻子、舌头
<褐色>小红帽的头发、提袋、脚部
<原色>小红帽的脸部、手部

6 将做法**4**的面皮放在铺好烤盘纸的烤盘上，再将做法**5**的各个部位叠上去（脚部则是粘上去）。以170℃烘烤14～16分钟。若中途看到饼干表面开始上色时，请盖上铝箔纸。烘烤完成后，取出置于网架上冷却。

以糖霜装饰

7 将蛋白放进调理盆中，加入25g的糖粉，用橡皮刮刀搅拌至均匀滑顺。取出1/3量备用，剩下的2/3量则依情况一点一点地加入糖粉，调整至以橡皮刮刀舀起时，糖霜会慢慢滴落的程度。接着将糖霜分成两半，分别加上食用色素搅拌均匀，完成粉红色、黄色的糖霜，再分别装入圆锥形挤花袋中。

8 将做法**7**备用的糖霜里加入黑可可粉搅拌均匀，完成质地相同的黑色糖霜（若结块时，请加入调整）。将其装入圆锥形挤花袋中。

9 待做法**6**的饼干完全冷却后，用黑色糖霜画出小红帽的脸部和提袋的把手，再以粉红色糖霜画出脸颊，并用黄色糖霜画出大灰狼的眼睛和嘴巴。

CAT

POODLE

小猫与贵妇犬

有双酷酷的蓝色眼睛的猫咪和可爱卷蓬毛发的贵妇犬。两者都
是用单一颜色面团来制作，所以非常简单！

＞＞做法P20～P21

GIRL'S FESTIVAL

女儿节娃娃

一组非常适合女儿节，且会让女孩子开心的可爱饼干。如果没有花形糖果的话，也可以用糖霜直接画在饼干上。

> >做法P22

CAT

小猫　纸型＞＞P97

材料［6片］

无盐黄油	50g
糖粉	55g
盐	1小撮
蛋黄	1个
低筋面粉	110g
可可粉	10g
巧克力笔（白、黄）	各1支
彩色巧克力豆	
蓝色12颗、红色（小）6颗	

事前准备

○ 黄油置于室温下软化。

○ 糖粉、低筋面粉分别过筛。

○ 烤箱预热至170℃。

做法

制作饼干面团

1 同P11"青蛙王子"做法①、② 的方式制作黄油蛋糊。

2 加入低筋面粉和可可粉，用橡皮 刮刀以切拌方式混合。面糊混合 均匀后，用橡皮刮刀以刮拌方式 继续搅拌成团状，再包上保鲜 膜，放入冰箱静置1小时。

切出饼干造型并烘烤

3 将面团取出置于撒好手粉（低筋 面粉，分量外）的工作台面上， 用擀面杖擀开成4mm的厚度。放 上纸型，再用刀子切出造型。

4 将面皮排入铺好烤盘纸的烤盘 上，放入烤箱中，以170℃烘烤 12～14分钟，再置于网架上冷 却。待散热冷却后，放上剪好的 眼睛、嘴部纸型，再用刀子描出 线条。

以巧克力装饰

5 待做法4的饼干完全冷却后，将 巧克力笔用热水温热并画上图 案。以白色巧克力笔画出白色眼 球，再用黄色巧克力笔画出嘴 部。趁还没干之前，将彩色巧克 力豆固定在眼睛和鼻子上面，再 以白色巧克力笔画出胡须。最后 放入冰箱冷藏10分钟以上，使其 冷却凝固。

贵妇犬 纸型>>P97

材料［6片］

无盐黄油……………………… 50g
糖粉………………………… 50g
盐…………………………… 1小撮
蛋黄………………………… 1个
低筋面粉…………………… 120g
白色巧克力…………………
… 50g（或是白色巧克力笔6支）
椰子丝……………………… 30g
巧克力笔（褐）…………… 1支
彩色巧克力豆（小）………………
……………… 褐色12颗、黄色6颗
造型糖粒（红色心形）…… 12个

做法

制作饼干面团

1 同P11"青蛙王子"做法1、2
的方式制作黄油蛋糊。

2 加入低筋面粉，用橡皮刮刀以切
拌方式混合。面粉混合均匀后，
用橡皮刮刀以刮拌方式继续搅拌
成团状，再包上保鲜膜，放入冰
箱静置1小时。

切出饼干造型并烘烤

3 将面团取出置于撒好手粉（低筋
面粉，分量外）的工作台面上，
用擀面杖擀开成4mm的厚度。放
上纸型，再用刀子切出外形。

4 将面皮排入铺好烤盘纸的烤盘
上，放入烤箱中，以170℃烘烤
12~14分钟。若中途看到饼干表
面开始上色，请盖上铝箔纸，烘
烤完成后，再置于网架上冷却。

事前准备

○ 黄油置于室温下软化。

○ 糖粉、低筋面粉分别过筛。

○ 烤箱预热至170℃。

○ 以烤盘纸制作1个圆锥形挤花袋
（参照P10）。

5 待散热冷却后，放上剪好的头
部、耳朵、眼睛、嘴部纸型，再
用刀子描出线条。

以巧克力装饰

6 将白巧克力切碎放入调理盆中，
隔水加热。完全熔化后，装入圆
锥形挤花袋中。

7 将做法**6**（或是白色巧克力笔）
挤在做法**5**的头部和耳朵上，再
放上椰子丝。接着在眼睛的部分
挤上少量的白巧克力，再将彩色
巧克力豆放上去固定。

8 用褐色巧克力笔画出鼻子、嘴
部。在鼻子上放上彩色巧克力
豆，头上则摆上造型糖粒当作蝴
蝶结，最后放入冰箱冷藏10分钟
以上，使其冷却凝固。

女儿节娃娃 纸型＞＞P97

材料 [3组]

饼干面糊团

无盐黄油	100g
糖粉	100g
盐	1小撮
蛋黄	2个
低筋面粉	230g
食用色素（红、蓝、黄）	各少许
可可粉	1小匙

糖霜

蛋白	5g（1小匙）
糖粉	25～35g
食用色素（红、黄）	各少许
黑可可粉	1/4小匙

装饰

造型糖粒（花形）	12个

事前准备

○ 黄油置于室温下软化。

○ 糖粉、低筋面粉分别过筛。

○ 烤箱预热至170℃。

○ 以烤盘纸制作3个圆锥形挤花袋
　（参照P10）。

做法

制作饼干团

1 同P11"青蛙王子"做法①、②
的方式制作黄油蛋糊。

2 按照下表标示分量，将做法**1**分
至5个调理盆中，在3个调理盆里
加入食用色素，另一个调理盆则
加入可可粉，搅拌均匀。接着再
分别加入低筋面粉，用橡皮刮刀
以切拌方式混合。

<粉红色>	黄油蛋糊70g
	食用色素（红）少许
	低筋面粉70g
<蓝绿色>	黄油蛋糊50g
	食用色素（蓝）少许
	低筋面粉50g
<黄色>	黄油蛋糊30g
	低筋面粉30g
	食用色素（黄）少许
<褐色>	黄油蛋糊30g 可可粉1小匙
	低筋面粉30g
<原色>	黄油蛋糊约50g（剩下的全部）
	低筋面粉50g

3 面粉混合均匀后，用橡皮刮刀以
刮拌方式继续搅拌成团状，再
包上保鲜膜，放入冰箱静置1小
时。

切出饼干造型并烘烤

4 将面团取出置于撒好手粉（低筋
面粉，分量外）的工作台面上，
分别用擀面杖擀开成4mm的厚
度。将纸型置于粉红色、蓝绿色
的面皮上，并用刀子切出造型。
再用直径2.5cm的压模在剩下的
粉红色面皮上压出15片花形。

5 将纸型沿着内侧的线剪开，置于做法**4**剩下的面皮上并切出：

<粉红色>皇后和服上的衣领
<蓝绿色>天皇和服上的衣领
<黄色>天皇和服上的衬领、皇后和服上的衬领和帽冠、扇子
<褐色>天皇的头发和笏板、皇后的头发
<原色>天皇和皇后的脸部

6 将做法**4**的面皮放在铺好烤盘纸的烤盘上，再将做法**5**的各个部位叠上去。放入烤箱中，以170℃烘烤14～16分钟。若中途看到饼干表面开始上色时，请盖上铝箔纸。完成后置于网架上冷却。

以糖霜装饰

7 将蛋白放进调理盆中，加入25g糖粉，用橡皮刮刀搅拌至均匀滑顺。取出1/3量备用，剩下的2/3量则依情况一点一点地加入糖粉，调整至以橡皮刮刀舀起时，糖霜会慢慢滴落的程度。再将糖霜分成两半，分别加上食用色素搅拌均匀，完成粉红色、黄色的糖霜，再分别装入圆锥形挤花袋中。

8 将做法**7**备用的糖霜里加入黑可可粉搅拌均匀，完成质地相同的黑色糖霜（若结块时，请加水调整）。将其装入圆锥形挤花袋中。

9 待做法**6**的饼干完全冷却后，用做法**8**的黑色糖霜画出眼睛、鼻子、嘴部，以粉红色糖霜画出脸颊，再以黄色糖霜画出梅花的团，最后在和服上挤上少量的糖霜（任何颜色皆可），再将造型糖粒放上去固定。

ICING
COOKIE

糖霜饼干

用简易的原色面团制作出饼干，再以颜色鲜艳的糖霜画上图案的做法方十分有趣！画出漂亮图案的秘诀，在于每次都要等糖霜确实干燥后，再叠上另一颜色。

新年的吉祥物

HAPPY NEW YEAR！以象征吉祥的鲷鱼、舞狮和镜饼作为糖霜的图案，将祝贺新年的心意注入饼干里。充满玩心的和风图案，十分独特。

＞＞做法P26

LUCKY CHARM
IN THE NEW YEAR

LUCKY CHARM IN THE NEW YEAR

新年的吉祥物 纸型＞＞P98

材料 ［2组］

饼干面糊

无盐黄油··························	50g
糖粉······························	30g
盐······························	1小撮
蛋黄······························	1个
低筋面粉··························	120g

糖霜

蛋白····················	36g（约1个）
糖粉····················	180~200g
食用色素（红、橘、绿）···各少许	
黑可可粉··················	1/2小匙

事前准备

○黄油置于室温下软化。

○糖粉、低筋面粉分别过筛。

○烤箱预热至170℃。

○以烤盘纸制作6个圆锥形挤花袋
　（参照P10）。

[做法]

制作饼干

1 将奶油放进调理盆中，用打蛋器搅打至呈乳霜状。再分3次加入糖粉，充分搅拌均匀至泛白的程度。

2 加入盐和蛋黄搅拌均匀。

3 再加入低筋面粉，用橡皮刮刀以切拌方式混合。面粉混合均匀后，用橡皮刮刀以刮拌方式继续搅拌成团状，再包上保鲜膜，放入冰箱静置1小时。

4 将面团取出置于撒好手粉（低筋面粉，分量外）的工作台面上，用擀面杖擀开成4mm的厚度。放上纸型，再用刀子切出造型。

5 将做法**4**的面皮排入铺好烤盘纸的烤盘上，放入冰箱中，以170℃烘烤12~14分钟，再取出置于网架上冷却。

制作糖霜

6 将蛋白放进调理盆中，加入180g的糖粉，用橡皮刮刀搅拌至均匀滑顺。依情况一点一点地加入糖粉，调整至以橡皮刮刀舀起时，糖霜会慢慢滴落的程度。接着取出1/5量，装入圆锥形挤花袋中，完成白色糖霜。

7 将做法**6**剩下的糖霜分至5个容器中。其中4个分别加上食用色素搅拌均匀，做成红色、浅橘色、深橘色、绿色的糖霜。剩下的1个则加上黑可可粉，做成黑色糖霜（若结块时，请加水调整）。将其分别装入圆锥形挤花袋中，待做法**5**的饼干完全冷却后，画上图案。

基础糖霜 BASIC ICING

鲷鱼

1

以红色糖霜涂抹整个表面。

2

做法1干燥后，以白色糖霜画出白色眼球、鱼鳞、嘴巴及鱼鳍。

3

做法2干燥后，以黑色糖霜画出黑色眼球。

镜饼

1

以浅橘色糖霜涂抹台座（底座的部分）。

2

做法1干燥后，以白色糖霜画出上层的年糕和纸垫。

3

做法2干燥后，以白色糖霜画出下层的年糕，以深橘色糖霜画出酸橙，再用黑色糖霜画出台座上的圆洞。

4

做法3干燥后，以绿色糖霜画出酸橙色叶子和裹白（蕨类植物）。

5

做法4干燥后，以红色糖霜画出纸垫的饰边和币束（装饰的部分）。

舞狮

1

以绿色糖霜涂抹脸部以外的整个表面。干燥后以深橘色糖霜画出牙齿。

2

做法1干燥后，以红色糖霜涂抹脸部。

3

做法2干燥后，以黑色糖霜画出耳朵的部分，再以红色糖霜画出鼻子。

4

在白色糖霜里加入少许糖粉，做成硬一点的白色糖霜。做法3干燥后，画出白色眼球、鬃毛、旋涡图案。

5

在黑色糖霜里加入少许糖粉，做成硬一点的黑色糖霜。做法4干燥后，画出眉毛、黑色眼珠、鼻孔、牙齿的线条。

CHILDREN'S DAY

鲤鱼旗

有着像漫画少女般的可爱大眼睛的蓝鲤鱼和红鲤鱼。因
需要用8色的糖霜，所以请耐心地享受画画的过程！
>>做法P30

刨冰店

草莓和抹茶这两种刨冰图案再搭配冰店旗图案。要不要试试看用糖霜饼干代替暑期问候的赠礼?

　> >做法P32

SHAVED ICE

鲤鱼旗　纸型＞＞P98

材料［1组］

饼干面团

无盐黄油………………………… 50g
糖粉……………………………… 30g
盐………………………………… 1小撮
蛋黄……………………………… 1个
低筋面粉………………………… 120g

糖霜

蛋白……………… 36g（约1个）
糖粉…………………………180～200g
食用色素（蓝、红、黄、绿）……
………………………………各少许
黑可可粉………………… 1/2小匙

事前准备

○黄油置于室温下软化。

○糖粉、低筋面粉分别过筛。

○烤箱预热至170℃。

○以烤盘纸制作8个圆锥形挤花袋
（参照P10）。

做法

制作饼干

1 同P26"新年的吉祥物"做法
　1～3的方式制作面团。

2 将面团取出置于撒好手粉（低筋
　面粉，分量外）的工作台面上，
　用擀面杖擀开成4mm的厚度。放
　上纸型，再用刀子切出造型。鲤
　鱼旗前端则用直径3cm圆形压模
　压出造型。

3 将做法2的面皮排入铺好烤盘
　纸的烤盘上，放入烤箱中，以
　170℃烘烤12～14分钟，再置于
　网架上冷却。

制作糖霜

4 将蛋白放进调理盆中，加入180g
　糖粉，用橡皮刮刀搅拌至均匀
　滑顺。依情况一点一点地加入糖
　粉，调整至以橡皮刮刀舀起时，
　糖霜会慢慢滴落的程度。接着
　取出1/8量，装入圆锥形挤花袋
　中，完成白色糖霜。

5 将做法4剩下的糖霜分至7个容
　器中。其中6个分别加上食用色
　素搅拌均匀，做成深水蓝色、浅
　水蓝色、深粉红色、淡粉红色、
　黄色、绿色的糖霜。剩下的1个
　则加上黑可可粉，做成黑色糖霜
　（若结块时，请加水调整）。将
　其分别装入圆锥形挤花袋中，待
　做法3的饼干完全冷却后，画上
　图案。

画上图案

1

1 以白色糖霜画出白色眼球、中间的鱼鳞、鱼腹。

2

2 做法**1**干燥后，以深水蓝色或是深粉红色糖霜画出脸部和鱼鳞的内侧，再以黄色糖霜画出鱼鳞，并用黑色糖霜画出黑色眼珠，干燥之后，再以绿色糖霜画出鱼鳞的中心部位。

3

3 做法**2**干燥后，以浅水蓝色或是淡粉红色糖霜画出尾鳍。

4

4 做法**3**干燥后，以浅水蓝色和深水蓝色或是淡粉红色和深粉红色糖霜各自画出鱼鳞的边缘，再以白色糖霜画出花朵和眼睛的光泽。

5

5 做法**4**干燥后，以绿色糖霜描出花朵。干燥之后，再以黄色糖霜画出花蕊。

6 以绿色糖霜涂在鲤鱼旗前端的中间，干燥之后，再以黄色糖霜涂抹两侧。

31

刨冰店 纸型＞＞P98

材料［1组］

饼干面糊

无盐黄油··························· 50g
糖粉······························ 30g
盐······························· 1小撮
蛋黄····························· 1个
低筋面粉························· 120g

糖霜

蛋白················· 36g（约1个）
糖粉······················180～200g
抹茶粉·····················1/2小匙
可可粉·····················1/4小匙
食用色素（红、蓝）·········各少许

事前准备

○ 黄油置于室温下软化。

○ 糖粉、低筋面粉分别过筛。

○ 烤箱预热至170℃。

○ 以烤盘纸制作7个圆锥形挤花袋
（参照P10）。

做法

制作饼干

1 同P26"新年的吉祥物"做法
1～3的方式制作面团。

2 将面团取出置于撒好手粉（低筋
面粉，分量外）的工作台面上，
用擀面杖擀开成4mm的厚度。放
上纸型，再用刀子切出造型。

3 将做法**2**的面皮排入铺好烤盘
纸的烤盘上，放入烤箱中，以
170℃烘烤12～14分钟，再取出
置于网架上冷却。

制作糖霜

4 将蛋白放进调理盆中，加入180g
糖粉，用橡皮刮刀搅拌至均匀滑
顺。

5 取出做法**4**中的1/7量糖霜，一点
一点地加入抹茶粉，做成抹茶糖
霜（若结块时，请加水调整）。
同样从做法**4**中取出1小匙的糖
霜，一点一点地加上可可粉，做
成硬一点的褐色糖霜。将其分别
装入圆锥形挤花袋中。

6 做法**4**剩下的糖霜依情况一点一
点地加入糖粉，调整至以橡皮刮
刀舀起时，糖霜会慢慢滴落的硬
度。接着取出1/3量，装入圆锥
形挤花袋中，完成白色糖霜。

7 将做法**6**剩下的糖霜分至4个容
器中。分别加上食用色素搅拌均
匀，做成红色、蓝色、深水蓝
色、浅水蓝色的糖霜。将其分别
装入圆锥形挤花袋中，待做法**3**
的饼干完全冷却后，画上图案。

画上图案

刨冰店旗

1 以白色糖霜涂抹整个表面。

2 做法1干燥后，以红色糖霜画出文字，再以蓝色糖霜画出浪花。

草莓刨冰

1 以红色糖霜画出糖浆。

2 做法1干燥后，以浅水蓝色画出从容器的线条中透出的刨冰。

3 做法2干燥后，以深水蓝色画出容器的线条和汤匙的图案。

4 做法3干燥后，以白色糖霜画出刨冰和汤圆。

※画的时候可稍微挤出容器外，刨冰看起来就会很蓬松。

抹茶刨冰

1 以抹茶糖霜画出糖浆。

2 做法1干燥后，同"草莓刨冰"做法2~4的方式来进行描绘。

3 做法2干燥后，挤上褐色糖霜当成汤圆上面的红豆。

33

PAINTING COOKIE

用着色面糊加以装饰的 手绘饼干

这里的食谱能让你像使用彩笔一样自由自在地画画。取一部分的面糊着上色，画上图案后再烘烤，口感会非常酥脆。与华丽的糖霜味道有点不一样，朴素的颜色也是其魅力所在。

重点装饰的饼干

只要在使用常用饼干模压出的面皮上随意地画上图案即可。小朋友也可以轻松享受制作饼干的乐趣。

＞＞做法P36

ONE POINT COOKIE

ONE POINT COOKIE
重点装饰的饼干

材料［20片］

无盐黄油·························· 50g
糖粉······························ 50g
盐······························ 1小撮
蛋液····················· 1大匙（※）
低筋面粉······················ 106g
（基本饼干面团用86g+着色面糊用20g）
抹茶粉······················ 1/4小匙
可可粉······················ 1/4小匙
食用色素（红）··············少许
※蛋白以切拌方式，充分打散备用。

事前准备

○黄油置于室温下软化。

○糖粉、低筋面粉分别过筛。

○烤箱预热至170℃。

○以烤盘纸制作3个圆锥形挤花袋（参照P10）。

基础着色饼干 BASIC PAINTING COOKIE

做法

制作基础饼干面团

1 将黄油放进调理盆中，用打蛋器搅打至呈乳霜状。再分3次加入糖粉后，充分搅拌均匀至泛白的程度。

2 加入盐，再分3次加入蛋液，每次加入都要搅拌均匀。

3 从做法2中取出30g的黄油蛋糊作为着色的面糊。剩下的黄油蛋糊则加上86g的低筋面粉，用橡皮刮刀以切拌方式混合。

4 面粉混合均匀后，用橡皮刮刀以刮拌方式搅拌成团状，再包上保鲜膜，并放入冰箱静置1小时。

制作着色面糊

5 将做法3取出的黄油蛋糊分别放入10g至3个调理盆中，再加下表的材料，做成3色的面糊。

<绿色>黄油蛋糕10g 抹茶粉1/4小匙	
低筋面粉6g 水5ml	
<褐色>黄油蛋糕10g 可可粉1/4小匙	
低筋面粉6g 水5ml	
<原色>黄油蛋糕10g	
低筋面粉8g 水5ml	

6 根据做法5的原色面糊的情况，一点一点地加上食用色素（红）混合，做成粉红色面糊。

7 将做法5、6分别用橡皮刮刀搅拌至颗粒感消失。呈现像照片一样均匀滑顺的状态后，将其分别装入圆锥形挤花袋中。

画上图案并烘烤

8 取出做法4，置于撒好手粉（低筋面粉，分量外）的工作台面上，用擀面杖擀开成4mm的厚度（※在面团两侧放置4mm厚的木板或量尺。再滚动擀面棍，即可擀出厚度一致的面皮）。

9 选择喜欢的圆形和心形等饼干压模压出饼干外形。

10 在做法9上，以做法7的各色着色面糊画出水果、肉球、圆点和条纹等喜欢的图案。

11 放在铺好烤盘纸的烤盘上，放入烤箱中，以170℃烘烤12～14分钟后，再置于网架上冷却。

SKULL IN LOVE

恋爱中的骷髅头

可可面皮搭配粉红色面糊的甜蜜组合。依心情做出各种
不同变化的表情造型，也会很有趣呦！

＞＞做法P40

ANIMAL HEART

心形动物花纹饼干

基本心形饼干加上Junko风的动物花纹图案，看起来会更加别致！如果当作情人节的礼物，其心意和品位一定能打动对方的心！

＞＞做法P41

恋爱中的骷髅头 纸型＞＞P99

材料［8片］

无盐黄油·························· 50g
糖粉····························· 50g
盐····························· 1小撮
蛋液···························· 1大匙
低筋面粉······················· 112g
（基本饼干面团用96g+着色面糊
用16g）
可可粉························· 10g
食用色素（红）··············少许

做法

制作基本饼干面团

1 同P37"重点装饰的饼干"
做法①、②的方式制作黄油
蛋糊。

2 从做法1中取出20g的黄油蛋
糊作为着色的面糊。剩下的
黄油蛋糊则加上96g的低筋
面粉和可可粉，用橡皮刮刀
以切拌方式混合。面粉混合
均匀后，用橡皮刮刀以刮拌
方式继续搅拌成团状，再包
上保鲜膜，放入冰箱静置1小
时。

制作饼干面团

3 将做法2取出的黄油蛋糊分别
放入10g至2个调理盆中，再
加入下表标示分量的低筋面
粉、水，搅拌均匀。视着色
情况一点一点地分别加入食
用色素（红）混合，做成深
粉红色、淡粉红色面糊。面
糊呈滑顺状后，再分别装入
圆锥形挤花袋中。

事前准备

○ 黄油置于室温下软化。

○ 糖粉、低筋面粉分别过筛。

○ 烤箱预热至170℃。

○ 以烤盘纸制作2个圆锥形挤花袋
（参照P10）。

<深粉红色>	黄油蛋糊10g 低筋面粉8g
	水5ml 食用色素（红）略多
<淡粉红色>	黄油蛋糊10g 低筋面粉8g
	水5ml 食用色素（红）略少

画上图案并烘烤

4 取出做法2，置于撒好手粉（低
筋面粉，分量外）的工作台面
上，用擀面杖擀开成4mm的厚
度。放上纸型，再用刀子切出造
型。

5 在做法4的面皮上，以做法3淡
粉红色的着色面糊画出眼睛和牙
齿，以深粉红色面糊画出蝴蝶
结。

6 排入铺好烤盘纸的烤盘
上，放入烤箱中，以170℃
烘烤12～14分钟，再取出
置于网架上冷却。

ANIMAL HEART
心形动物花纹饼干

材料 [8片]

无盐黄油	50g
糖粉	50g
盐	1小撮
蛋液	1大匙
低筋面粉	104g

（基本饼干面团用76g+着色面糊
用28g）

可可粉	1/4小匙
黑可可粉	1/4小匙
食用色素（红）	少许

事前准备

○ 黄油置于室温下软化。

○ 糖粉、低筋面粉分别过筛。

○ 烤箱预热至170℃。

○ 以烤盘纸制作4个圆锥形挤花袋
（参照P10）。

做法

制作基本饼干面团

1 同P37 "重点装饰的饼干" 做法
① 、② 的方式制作黄油蛋糊。

2 从做法1中取出40g的黄油蛋糊
作为着色的面糊。剩下的黄油蛋
糊则加上76g的低筋面粉，用橡
皮刮刀以切拌方式混合。面糊混
合均匀后，用橡皮刮刀以刮板方
式继续搅拌成团状，再包上保鲜
膜，放入冰箱静置1小时。

制作着色面糊

3 将做法2取出的黄油蛋糊照下表标
示分量，分至3个调理盆中，再加
入下表的材料，做成3色的面糊。

<褐色>黄油蛋糊10g	可可粉1/4小匙
低筋面粉6g	水5ml
<黑色>黄油蛋糊10g	黑可可粉1/4小匙
低筋面粉6g	水5ml
<原色>黄油蛋糊20g	
低筋面粉16g	水10ml

4 将原色面糊分成两半，分
别放入不同的调理盆中。
视着色情况一点一点地分
别加入食用色素（红）混
合，做成淡粉红色、深粉
红色面糊。面糊呈现滑顺
状后，再连同做法3的褐
色、黑色面糊，将其分别
装入圆锥形挤花袋中。

画上图案并烘烤

5 取出做法2，置于撒好手粉
（低筋面粉，分量外）的
工作台面上，用擀面杖擀
开成4mm的厚度。用长轴
6cm左右的心形压模压出
外形。

6 在做法5的面皮上，以做
法4的着色面糊画出图
案。褐豹纹图案是以褐色
面糊画出内侧，再以黑色
面糊画出外侧的线条。粉
红豹纹图案则是以淡粉红
色面糊画出外侧的线条。
另外，斑马纹图案是用黑
色面糊画出线条。

7 排入铺好烤盘纸的烤盘
纸上，放入烤箱中，以
170℃烘烤12～14分钟，
再取出置于网架上冷却。

LADY'S WARDROBE

女生服饰

就像玩纸娃娃一样有趣!
洋装和手提包的花色可以依自己的喜好来做变化。
>>做法P44

BABY'S GIFT

Won't go in for "baby talk,"
Won't go in for jokes,
Just one line
can say it all:
AREN'T YOU THE LUCKY FOLKS!

Wilma & Bob
Shaffner

婴儿礼品

粉色系的婴儿鞋和奶瓶，给人甜美柔和的印象。在鞋子上可
以用糖果稍微装饰。当作出生礼物也非常合适。
> >做法P46

女生服饰

材料［5组］

无盐黄油·····················　100g
糖粉·························　100g
盐··························　1小撮
蛋液························　2大匙
低筋面粉·····················　200g
（基本饼干面团用102g+着色面糊
用98g）
可可粉·····················　1/2小匙
黑可可费·····················　1/2小匙
食用色素（红、黄、蓝）···各少许

事前准备

○黄油置于室温下软化。

○糖粉、低筋面粉分别过筛。

○烘烤预热至170℃。

○以烤盘纸制作8个圆锥形挤花袋
（参照P10）。

从左到右分别为洋装、
高跟鞋、手提包。

做法

制作基本饼干面团

1 同P37"重点装饰的饼干"做法
１、２的方式制作黄油蛋糊。

2 从做法**1**中取出130g的黄油蛋糊
作为着色的面糊。剩下的黄油蛋
糊则加上102g的低筋面粉，用
橡皮刮刀以切拌方式混合。面粉
混合均匀后，用橡皮刮刀刮板方
式继续搅拌成团状，再包上保鲜
膜，放入冰箱静置1小时。

制作着色面糊

3 将做法**2**取出的黄油蛋糊照下表
标示分量，分至3个调理盆中，
再加入下表的材料，做成3色的
面糊。

| <褐色>黄油蛋糊20g 可可粉1/2小匙 |
| 低筋面粉12g 水10ml |
| <黑色>黄油蛋糊10g 黑可可粉1/2小匙 |
| 低筋面粉6g 水 5ml |
| <原色>黄油面糊100g（剩下的全部）|
| 低筋面粉80g 水 50ml |

4 将原色面糊按照下表标示分量，分至6个调理盆中。其中5个视着色情况一点一点地分别加入食用色（红、黄、蓝）混合，做成5色的面糊。剩下的1个则直接以原色面糊作为白色面糊。面糊呈现滑顺状后，再连同做法3的褐色、黑色面糊，分别装入圆锥形挤花袋中。

<深粉红色>	<原色>1/10量
	食用色素（红）略多
<黄色>	<原色>1/5量
	食用色素（黄）少许
<深蓝绿色>	<原色>1/10量
	食用色素（蓝）略多
<白色>	<原色>1/5量
<淡粉红色>	<原色>1/5量
	食用色素（红）略少
<浅蓝绿色>	<原色>1/5量
	食用色素（蓝）略少

画上图案并烘烤

5 取出做法2的面团，置于撒好手粉（低筋面粉，分量外）的工作台面上，用擀面杖擀开成4mm的厚度。再利用洋装、手提包、高跟鞋的压模压出造型。

6 在做法5的面皮上，以做法4的各色着色面糊画出洋装、手提包、高跟鞋的鞋跟（底色最好使用淡的颜色）。

7 排入铺好烤盘纸的烤盘上，放入烤箱中，以170℃烤1分钟。

8 从烤箱取出，再画出洋装的图案和腰带、高跟鞋的图案和线条、手提包的线条和图案。放入烤箱中，以170℃继续烘烤14～18分钟，再取出置于网架上冷却。

BABY'S GIFT

婴儿礼品　纸型>>P99

材料［3组］

无盐黄油·························· 50g
糖粉······························ 50g
盐····························· 1小撮
蛋液···························· 1大匙
低筋面粉······················· 108g
（基本饼干面团用76g+着色面糊
用32g）
食用色素（红、黄、蓝）···各少许
造型糖粒（花形）·············· 6个
巧克力笔（白）················ 1支

事前准备

○ 黄油置于室温下软化。

○ 糖粉、低筋面粉分别过筛。

○ 烤箱预热至170℃。

○ 以烤盘纸制作4个圆锥形挤花袋
（参照P10）。

做法

制作基本饼干面糊

1 同P37"重点装饰的饼干"做法
①、②的方式制作黄油蛋糊。

2 从做法**1**中取出40g的黄油蛋糊
作为着色的面糊。剩下的黄油蛋
糊则加上76g的低筋面粉，用橡
皮刮刀以切拌方式混合。面粉混
合均匀后，用橡皮刮刀以刮板方
式继续搅拌成团状，再包上保鲜
膜，放入冰箱静置1小时。

制作着色面糊

3 将做法**2**取出的黄油蛋糊分别放
入10g至4个调理盆中，再加入
下表标示分量的低筋面粉、水、
搅拌均匀。视着色情况一点一点
地分别加入食用色素（红、黄、
蓝）混合，做成4色的面糊。面
糊呈滑顺状后，再分别装入圆锥
形挤花袋中。

<粉红色>	黄油蛋糊10g 低筋面粉8g
	水5ml 食用色素（红）少许
<黄色>	黄油蛋糊10g 低筋面粉8g
	水5ml 食用色素（黄）少许
<深蓝绿色>	黄油蛋糊10g 低筋面粉8g
	水5ml 食用色素（蓝）略多
<浅蓝绿色>	黄油蛋糊10g 低筋面粉8g
	水5ml 食用色素（蓝）略少

画上图案并烘烤

4 取出做法**2**的面团，置于撒好手粉（低筋面粉，分量外）的工作台面上，用擀面杖擀开成4mm的厚度。放上纸型，再用刀子切出造型。

5 在做法**4**的面皮上，以做法**3**的粉红色面糊画出婴儿鞋底的部分，再以浅蓝绿色面糊画出奶瓶底色的部分。

6 排入铺好烤盘纸的烤盘上，放入烤箱中，以170℃烤1分钟。

7 从烤箱取出，再以黄色面糊画出婴儿鞋的带子、奶瓶的刻度和奶嘴，以深蓝绿色面糊画出奶瓶盖子的部分。放入烤箱中，以170℃继续烘烤12～14分钟，再取出置于网架上冷却。最后以热水温热的巧克力笔将造型糖粒粘在婴儿鞋上。

羊驼三兄妹

萌羊驼、美羊驼和酷羊驼，3种图案的有趣组合。这里也可以
用杯子等器具来压出圆形饼干的外形。

> >纸型P99

ALPACA
BROTHERS

材料［9片］

无盐黄油·························· 100g
糖粉···························· 120g
盐······························ 1小撮
蛋液···························· 2大匙
低筋面粉························ 196g
（基本饼干面团用132g+着色面糊
用64g）
抹茶粉·························· 10g
可可粉························ 3/4小匙
黑可可粉···················· 1/4小匙
食用色素（红、黄）········各少许
巧克力笔（褐）················· 1支

事前准备

○奶油置于室温下软化。

○糖粉、低筋面粉分别过筛。

○烤箱预热至170℃。

○以烤盘纸制作7个圆锥形挤花袋
（请参照P10）。

做法

制作基本饼干面糊

1 同P37"重点装饰的饼干"做法
①、②的方式制作黄油蛋糊。

2 从做法**1**中取出90g的黄油蛋糊
作为着色的面糊。剩下的黄油
蛋糊则加上132g的低筋面粉和
抹茶粉，同P36"重点装饰的饼
干"的做法③、④来混合。再
包上保鲜膜，放入冰箱静置1小
时。

制作着色面糊

3 将做法**2**取出的黄油蛋糊按表格
（P49左上表）标示分量，分
至4个调理盆中，再加入表格
（P49左上表）的材料，做成4
色的面糊。

<深褐色> ▬	黄油蛋糕20g 可可粉1/2小匙 低筋面粉12g 水10ml
<浅褐色> ▬	黄油面糊20g 可可粉1/4小匙 低筋面粉14g 水10ml
<黑色> ▬	黄油面糊10g 黑可可粉1/4小匙 低筋面粉6g 水5ml
<原色> ▯	黄油面糊40g 低筋面粉32g 水20ml

5

7

4 将原色面糊按下表标示分量放到3个调理盆中。视着色情况一点一点地分别加入食用色素（红、黄），做成3色的面糊。面糊呈现滑顺状后，分别装入圆锥形挤花袋中。

<淡粉红色> ▮	<原色>2/5量 食用色素（红）略多
<深粉红色> ▮	<原色>1/5量 食用色素（红）略多
<黄色> ▮	<原色>1/5量 食用色素（黄）少许

画上图案并烘烤

5 取出做法**2**的面团，置于撒好手粉（低筋面粉，分量外）的工作台面上，用擀面杖擀开成4mm的厚度。用直径8.5cm的圆形压模压出外形。再以做法3浅褐色面糊画出萌羊驼的身体，以深褐色面糊画出酷羊驼的身体，并用做法**4**淡粉红色面糊画出美羊驼的身体。

6 排入铺好烤盘纸的烤盘上，放入烤箱中，以170℃烤1分钟。

7 从烤箱取出，以剩下的原色面糊画出脸部，再以深粉红色、黄色、黑色面糊画出项圈和花朵。放入烤箱中，以170℃继续烘烤14～18分钟，再取出置于网架上冷却。待饼干完全冷却后，以热水温热的巧克力笔画出眼睛、鼻子、嘴部和酷羊驼的太阳眼镜。

礼物&信件

将"感谢"或"祝贺"的心意注入其中，写上文字让这份小
礼物更显真挚。

＞＞纸型P99

PRESENT
&
LETTER

材料［各2片］

无盐黄油·······················50g
糖粉·······························50g
盐·····························1小撮
蛋液·························1大匙
低筋面粉·················108g
（基本饼干面团用76g+着色面糊
用32g）
食用色素（红、蓝）·········各少许
糖霜
蛋白·················10g（2小匙）
糖粉·······························45g
黑可可粉·····················1小匙

事前准备

○黄油置于室温下软化。

○糖粉、低筋面粉分别过筛。

○烤箱预热至170℃。

○以烤盘纸制作5个圆锥形挤花袋
（参照P10）。

| <深粉红色>黄油蛋糊10g 低筋面粉8g |
| 水 5ml 食用色素（红）略多 |
| <淡粉红色>黄油蛋糊10g 低筋面粉8g |
| 水 5ml 食用色素（红）略少 |
| <深蓝绿色>黄油蛋糊10g 低筋面粉8g |
| 水 5ml 食用色素（蓝）略多 |
| <浅蓝绿色>黄油蛋糊10g 低筋面粉8g |
| 水 5ml 食用色素（蓝）略少 |

制作基本饼干面糊

1 同P37"重点装饰的饼干"做法 ⓵、⓶的方式制作黄油蛋糊。

2 从做法**1**中取出40g的黄油蛋糊 作为着色的面糊。剩下的黄油蛋 糊分成2等份，其中一份加上食 用色素（红），搅拌均匀。

3 在做法**2**分成2等份的黄油蛋糊 里，分别加入38g的低筋面粉， 用橡皮刮刀以切拌方式混合。面 粉混合均匀后，用橡皮刮刀以刮 拌方式继续搅打成团状，再包上 保鲜膜，放入冰箱静置1小时。

制作着色面糊

4 将做法**2**取出的黄油蛋糊分别放 入10g至4个调理盆中再加入左 表标示分量的低筋面粉、水，搅 拌均匀。视着色情况一点一点地 分别加入食用色素（红、蓝）混 合，做成4色的面糊。面糊呈滑 顺状态，再分别装入圆锥形挤花 袋中。

画上图案并烘烤

5 取出做法**3**，置于撒好手粉（低 筋面粉，分量外）的工作台面 上，分别用擀面杖擀开成4mm的 厚度。将信件的纸型置于粉红色 面皮上。礼物的纸型置于原色面 皮上，再用刀子切出造型。

6 在做法**5**的面糊上，以做法**4**深 粉红色的着色面糊画出信件的线 条。礼物则是以浅蓝色面糊。淡 粉红色面糊画出盒子的线条，再 以深蓝绿色面糊和深粉红色面糊 画出蝴蝶结。

7 排入铺好烤盘纸的烤盘上，放入 烤箱中，以170℃烘烤12～14分 钟，再取出置于网架上冷却。

8 制作糖霜。将蛋白放进调理盆 中，加入糖粉和黑可可粉，用 橡皮刮刀搅拌均匀（若结块时， 请加水调整）。将其装入圆锥形 挤花袋中，待做法**7**的饼干完全 冷却后，写上文字。也可以依个 人喜好装饰上造型糖粒（分量 外）。

第三章
PART
3
DECO COOKIES

STAINED GLASS COOKIE

亮闪闪的
彩绘玻璃饼干

将弄碎的糖果放入用面皮做成的框框内再加以烘烤，
即可做出像彩绘玻璃般闪闪发亮的饼干。透光的感觉
很漂亮而且也相当浪漫！

郁金香花海

将春天召唤至厨房的可爱饼干。面皮即使稍
微撕裂也不要紧，秘诀是要利落地切下。让
红的、黄的各种不同颜色的花朵绽放吧！
＞＞做法P54

TULIP FIELD

郁金香花海 纸型>>P100

材料 [6组]

无盐黄油·························· 50g
糖粉····························· 40g
盐······························· 1小撮
蛋液······················ 1大匙（※）
低筋面粉······················ 120g
糖果（红、黄、绿）··· 各5～6颗
※蛋白以切拌方式，充分打散备用。

事前准备

○ 黄油置于室温下软化。

○ 糖粉、低筋面粉分别过筛。

○ 烤箱预热至170℃。

○ 糖果分别敲成细碎。

POINT

将糖果放入双层保鲜袋中，用擀面杖或锤子敲碎。尽可能敲成细碎状，使用起来就会比较方便。

POINT

依糖果种类不同，做出来的颜色也会有微妙的差异。透明不浑浊，颜色较深的做出来会比较漂亮。推荐使用多种口味的水果糖。

好的例子　　不好的例子

基础面团 BASIC STAINED GLASS COOKIE

制作饼干面糊

1

将黄油放进调理盆中，用打蛋器搅打至呈乳霜状。再分3次加入糖粉后，充分搅拌均匀至泛白的程度。

2

加入盐，再分3次加入蛋液，每次加入都要搅拌均匀。

3

加入低筋面粉，用橡皮刮刀以切拌方式混合。

4

面粉混合均匀后，用橡皮刮刀以刮板方式搅拌成团状，再包上保鲜膜，并放入冰箱静置1小时。

切出饼干造型

5

取出做法4，置于撒好手粉（低筋面粉，分量外）的工作台面上，用擀面杖擀开成4mm的厚度（※在面糊两侧放置4mm厚的木板或量尺，再滚动擀面棍，即可擀出厚度一致的面皮）。

6

将纸型置于做法⑤上，用刀子切出1个。剩下的面皮放入冰箱冷藏备用。

*面皮容易塌软，所以制作外的面皮要放入冰箱冷藏！

7

沿着纸型，用刀子切出造型。

8

接着用刀子照着内侧的线条刻画，将面皮切下。做法⑥剩下的面皮也以相同的方式，按照花朵和叶子的纸型切出饼干造型。

※即使面皮稍微撕裂，只要再粘起来烘烤，就没有问题。

放入糖果并烘烤

9

排入铺好烤盘纸的烤盘上，放入烤箱中，以170℃烤10分钟。

10

将做法⑨从烤箱取出后，把敲碎的糖果紧密地排入饼干内侧。放入烤箱中，以170℃继续烘烤2~5分钟。

※烘烤时间请依烤箱机钟加以调整。待饼干表面上色、糖果完全熔化后，就烘烤完成了。

11

烘烤完成后，直接置于烤盘上冷却。待饼干完全冷却后，再将烤盘纸撕下。

POINT

若糖果放入过多，烘烤时会溢出。请将糖果铺满，但勿超过面皮的高度。

照片是P56"圣诞节装饰品"、P61"水果篮"的失败例子。

CHRISTMAS ORNAMENT

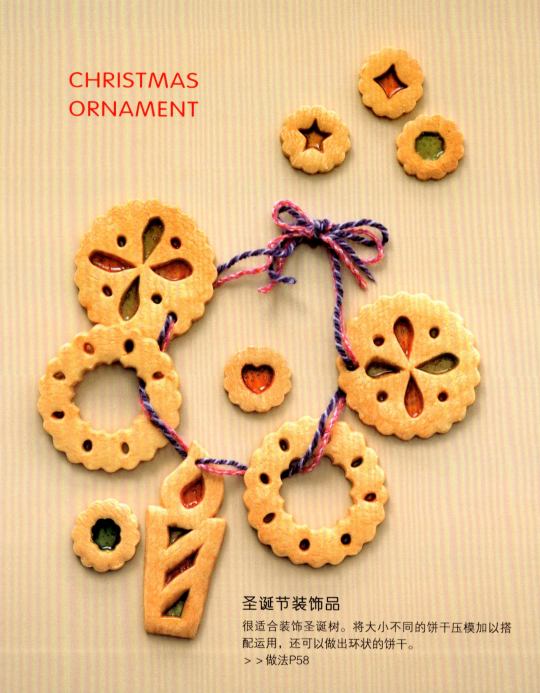

圣诞节装饰品

很适合装饰圣诞树。将大小不同的饼干压模加以搭
配运用，还可以做出环状的饼干。

> >做法P58

ENGAGEMENT RING

订婚戒指

将3种颜色的糖果填入1个饼干框中，做出渐变效果。被人用这样的戒指求婚，说不定我会马上答应！

> > 做法P59

圣诞节装饰品 纸型>>P100

材料［各2片］

无盐黄油	100g
糖粉	80g
盐	1小撮
蛋液	2大匙
低筋面粉	240g
糖果（红、黄、绿）	各5~6颗

事前准备

○ 黄油置于室温下软化。

○ 糖粉、低筋面粉分别过筛。

○ 烤箱预热至170℃。

○ 糖果分别敲成细碎。

做法

制作饼干面糊

1 同P55 "郁金香花海" 做法①~④的方式制作面糊。

切出饼干造型

2 同P55 "郁金香花海" 做法⑤~⑧的方式擀开面糊，使用纸型和压模做出饼干造型。

圆形装饰品

用直径7.5cm的菊形压模压出造型，内侧用刀子切出水滴形并用吸管压出圆形。

环状装饰品

用直径7.5cm的菊形压模压出造型，内侧用4.5cm的菊形压模挖空，形成环状面皮，再用压成椭圆形的吸管压出花样。挖出的面皮内侧也可用星形或心形等喜好的压模压出造型。

蜡烛

按照纸型用刀子切出饼干造型。如果穿入缎带或绳子，可利用吸管在面皮边缘预先戳洞。

放入糖果并烘烤

3 排入铺好烤盘纸的烤盘上，放入烤箱中，以170℃先烤10分钟。从烤箱取出，把敲碎的糖果紧密地排入饼干内侧。再放入烤箱中，以170℃继续烘烤2~5分钟，烘烤至糖果完全熔化。

4 直接置于烤盘上冷却，待饼干完全冷却后，再将烤盘纸撕下。

订婚戒指   纸型＞＞P101

材料［6片］

无盐黄油·······························50g
糖粉·······························40g
盐·······························1小撮
蛋液·······························1大匙
低筋面粉··························· 120g
糖果（喜好的颜色5~6种） ········
··························· 合计15~18颗

事前准备

○ 黄油置于室温下软化。

○ 糖粉、低筋面粉分别过筛。

○ 烤箱预热至170℃。

○ 糖果分别敲成细碎。

做法

制作饼干面糊

1 同P55"郁金香花海"做法1~4的方式制作面糊。

切出饼干造型

2 同P55"郁金香花海"做法5~8的方式擀开面糊，按照纸型用刀子切出造型。

放入糖果并烘烤

3 排入铺好烤盘纸的烤盘上，放入烤箱中，以170℃烤10分钟。

4 从烤箱取出，把敲碎的糖果填入做法3的饼干内侧。将数种颜色的糖果紧密地排入六角形的宝石部分，以呈现渐层的效果。放入烤箱中，以170℃继续烘烤2~5分钟，烘烤至糖果完全熔化。

5 直接置于烤盘上冷却，待饼干完全冷却后，再将烤盘纸撕下。

BEER & SODA

啤酒&苏打水

熔化的糖果中的气泡，看起来是否像是碳酸饮料的泡沫呢？用饼干做成的啤酒，连小孩子也可以美美享用！

＞＞做法P62

SUNGLASSES

时尚太阳眼镜

虽然不能真的戴上去，但大小正适合小朋友。边缘
再用银色糖珠随意地加以点缀。

>>做法P63

FRUIT BASKET

水果篮

面糊加以着色的话，烤出来的饼干会显得更加华
丽。在苹果、橘子、柠檬造型里填入各自口味的
糖果，也很有趣呢！

>>做法P64

BEER & SODA

啤酒&苏打水 纸型>>P100

材料［各3片］

无盐黄油·························· 50g
糖粉····························· 40g
盐······························· 1小撮
蛋液····························· 1大匙
低筋面粉························· 120g
糖果（蓝、黄、白）··· 各5～6颗

事前准备

○黄油置于室温下软化。

○糖粉、低筋面粉分别过筛。

○烤箱预热至170℃。

○糖果分别敲成细碎。

做法

制作饼干面糊

1 同P55"郁金香花海"做法①～④的方式制作面糊。

切出饼干造型

2 同P55"郁金香花海"做法⑤～⑧的方式擀开面团，分别按照纸型用刀子切出造型。

放入糖果并烘烤

3 排入铺好烤盘纸的烤盘上，放入烤箱中，以170℃先烤10分钟。

4 从烤箱取出，把敲碎的糖果填入做法3的饼干内侧。在啤酒和苏打水上方1/3的位置填入白色糖果，剩下的2/3啤酒填入黄色糖果、苏打水则填入蓝色糖果，皆紧密地排入。放入烤箱中，以170℃继续烘烤2～5分钟至糖果完全熔化。

5 烘烤完成后，白色的部分放上少量的白色糖果，利用余热使其熔化。直接置于烤盘上冷却，待饼干完全冷却后，再将烤盘纸撕下。

※借由再次放上糖果，以呈现出冒泡感和立体感。

时尚太阳眼镜 纸型＞＞P101

材料［8片］

无盐黄油·······························50g
糖粉···································50g
盐·····································1小撮
蛋液··································1大匙
低筋面粉····························110g
可可粉······························10g
糖果（蓝、黄）············各5~6颗
巧克力笔（褐）·····················1支
银色糖珠（大、小）··········各适量

事前准备

○黄油置于室温下软化。

○糖粉、低筋面粉分别过筛。

○烤箱预热至170℃。

○糖果分别敲成细碎。

做法

制作饼干面糊

1 同P55"郁金香花海"做法①、②的方式制作黄油蛋糊。

2 加入低筋面粉和可可粉，用橡皮刮刀以切拌方式混合。粉类混合均匀后，用橡皮刮刀以刮拌方式继续搅拌成团状，再包上保鲜膜，放入冰箱静置1小时。

切出饼干造型

3 同P55"郁金香花海"做法⑤~⑧的方式擀开面糊，按照纸型用刀子切出造型。

放入糖果并烘烤

4 排入铺好的烤盘纸的烤盘上，放入烤箱中，以170℃先烤10分钟。从烤箱取出，把敲碎的糖果紧密地排入饼干内侧。再放入烤箱中，以170℃继续烘烤2~5分钟至糖果完全熔化。

5 直接置于烤盘上冷却，待饼干完全冷却后，再将烤盘纸撕下。以热水温热的巧克力笔在边缘挤上少量巧克力，再放上银色糖珠，最后放入冰箱冷藏10分钟以上，使其冷却凝固。

FRUIT BASKET

水果篮 纸型>>P101

材料［各2片］

无盐黄油······························ 50g
糖粉······························· 40g
盐································ 1小撮
蛋液······························ 1大匙
低筋面粉························· 120g
食用色素（红、橘、黄）···各少许
糖果（白、橘、黄）··· 各5~6颗
糖果（绿）················ 1~2颗

事前准备

○ 黄油置于室温下软化。

○ 糖粉、低筋面粉分别过筛。

○ 烤箱预热至170℃。

○ 糖果分别敲成细碎。

做法

制作饼干面糊

1 同P55"郁金香花海"做法 1 、 2
的方式制作黄油蛋糊。

2 将做法 **1** 分至3个调理盆中，各放
入30g。再按照下表标示分量分
别加入食用色素，搅拌均匀。拌
至滑顺后，再加入低筋面粉，用
橡皮刮刀以切拌方式混合。

<红色>	黄油蛋糊30g 食用色素（红）少许 低筋面粉40g
<橘色>	黄油蛋糊30g 食用色素（橘）少许 低筋面粉40g
<黄色>	黄油蛋糊30g 食用色素（黄）少许 低筋面粉40g

3 面粉混合均匀后，用橡皮刮刀以刮拌方式继续拌成团状，再包上保鲜膜，放入冰箱静置1小时。

切出饼干造型

4 同P55"郁金香花海"做法 ⑤ ~ ⑧ 的方式擀开面团，接着将苹果的纸型置于红色面皮上、柳橙的纸型置于橘色面皮上、柠檬的纸型置于黄色面皮上，再用刀子分别切出饼干造型。

放入糖果并烘烤

5 排入铺好烤盘纸的烤盘上，以170℃烤10分钟。

6 从烤箱取出，把敲碎的糖果填入做法**5**的饼干内侧。将白色糖果填入苹果面皮内，绿色糖果填入叶子的部分，橘色糖果填入柳橙面皮内，黄色糖果填入柠檬面皮内，皆紧密地排入。放入烤箱中，以170℃的烤箱继续烘烤2~5分钟至糖果完全熔化。

7 直接置于烤盘上冷却，待饼干完全冷却后，再将烤盘纸撕下。

许愿饼干

将切成长方形的饼干当作是七夕的诗笺。要不要写上愿望，并装饰在竹签上呢？

材料［8片］

无盐黄油·················· 50g
糖粉······················ 40g
盐······················· 1小撮
蛋液····················· 1大匙
低筋面粉················· 120g
糖果（喜好的颜色）···········
··············· 合计10~15颗
巧克力笔（褐）··········· 1支
糖珠（金、银）········各适量

事前准备

○ 奶油置于室温下软化。

○ 糖粉、低筋面粉分别过筛。

○ 烤箱预热至170℃。

○ 糖果分别敲成细碎。

做法

制作饼干面糊

1 同P55"郁金香花海"做法①~④的方式制作面糊。

切出饼干造型

2 将面团取出置于撒好手粉（低筋面粉，分量外）的工作台面上，用擀面杖擀开成4mm的厚度。用刀子切出10cm×4.5cm的长方形面皮，内侧再用喜好的饼干压模和吸管压出造型。如果穿入缎带或绳子，可利用吸管在面皮边缘预先戳洞。

放入糖果并烘烤

3 排入铺好烤盘纸的烤盘上，放入烤箱中，以170℃先烤10分钟。从烤箱取出，把敲碎的糖果紧密地排入饼干内侧。放入烤箱中，以170℃继续烘烤

2~5分钟至糖果完全熔化。

4 直接置于烤盘上冷却，待饼干完全冷却后，再将烤盘纸撕下。以热水温热的巧克力笔写上文字，并在适当位置挤上少量巧克力，再放上糖珠固定。最后放入冰箱冷藏10分钟以上，使其冷却凝固。

万圣节饼干

黑色的饼干体配上紫色或橘色的糖果，非常适合万圣节的气氛。面糊里混入的是比普通可可粉更黑的黑可可粉。

材料 [12片]

无盐黄油·······················50g
糖粉···························50g
盐····························1小撮
蛋液··························1大匙
低筋面粉······················110g
黑可可粉······················10g
糖果（紫、橘、黄）
·············各5~6颗

*如果买不到黑可可粉，用一般的可可粉也可以，只是饼干体会呈褐色。

事前准备

○ 黄油置于室温下软化。

○ 糖粉、低筋面粉分别过筛。

○ 烤箱预热至170℃。

○ 糖果分别敲成细碎。

做法

制作饼干面糊

1 同P55"郁金香花海"做法①、②的方式制作黄油蛋糊。

2 加入低筋面粉和黑可可粉，用橡皮刮刀以切拌方式混合。粉类混合均匀后，用橡皮刮刀以刮拌方式继续搅拌成团状，再包上保鲜膜，放入冰箱静置1小时。

切出饼干造型

3 将面团取出置于撒好手粉（低筋面粉，分量外）的工作台面上，用擀面棍擀开成4mm的厚度。用刀子切出边长5.5cm的正方形面皮，内侧再用喜好的饼干压模（如猫咪、南瓜、幽灵、蝙蝠等）。

放入糖果并烘烤

4 排入铺好烤盘纸的烤盘上，放入烤箱中，以170℃先烤个10分钟。从烤箱取出，把敲碎的糖果紧密地排入饼干内侧。放入烤箱中，以170℃继续烘烤2~5分钟至糖果完全熔化。

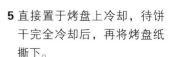

5 直接置于烤盘上冷却，待饼干完全冷却后，再将烤盘纸撕下。

DECO COOKIE WRAPPING

饼干魔法变身!
彩绘 ♡ 装饰小饼干的包装

烘烤完成后,再加上可爱的包装。只要稍微装饰一下,就能大大提升可爱度,营造出极佳的下午茶时光。包装上使用的透明OPP袋可以在烘焙材料店等地方购得。

FOR CHRISTMAS GIFTS
圣诞礼物

GIFTS FOR GIRLS
女生礼物

圣诞节时,放进袜子里

放入充满圣诞节气氛的袜子里,装饰在树上或是放在枕边。将干燥剂一并放进OPP袋里,就能保持饼干酥脆的口感。

加上蕾丝纸,让饼干更可爱

将绘本插画或卡片一起放进OPP袋里,裁剪蕾丝纸并以订书机固定。打造出像漂亮杂货一样的饼干。

NEW YEAR'S GREETINGS
新年礼物

装进小纸袋来代替压岁钱

将带有新年传统图案的糖霜饼干放进OPP袋里，再装进小纸袋。除了当作小孩子的压岁钱之外，用来作为新年的问候和恭贺也非常合适。

MESSAGE OF CELEBRATION
表达心意

附上写上讯息的卡片

附上"恭喜""谢谢"等文字后，再放入信封。是比起单独的卡片或是饼干，更能传达心意的礼物。

FOR ST. VALENTINE'S DAY
情人节

以透明盒提升高级感

放进漂亮的透明盒，可以媲美高级店的豪华甜点。将心意注入心形的饼干里，送给心仪的对象吧！

FOR CASUAL GIFTS
伴手礼

糖果风的包装

将可爱的包装纸和半透明的玻璃纸叠在一起，把饼干卷起后两端再像糖果一样扭紧。最后绑上缎带或毛线作为点缀。

SNOWBALL COOKIE

揉揉捏捏好有趣的
雪球饼干

此款饼干圆滚滚且形状立体，相当可爱，用手将面团揉圆，就像是黏土手工艺一样有趣。咬一口酥酥松松，口感轻盈，特别好吃。

第四章
PART
4
DECO COOKIES

SNOW RABBIT

雪兔

将撒得满满的糖粉当作是纯白的雪。看上去就像一只只蹦蹦跳跳的可爱兔子，最后再画上红色的眼睛。

>>做法P72

雪兔

材料 [8个]

无盐黄油······························ 50g
细砂糖······························· 25g
盐······························ 1小撮
杏仁粉······························· 25g
低筋面粉···························· 70g
糖粉························· 3~4大匙
食用色素（红）···············少许

事前准备

○黄油置于室温下软化。

○杏仁粉、低筋面粉、糖粉分别过筛。

○烤箱预热至170℃。

POINT

因为杏仁粉容易结块，所以一定要预先过筛。

做法

制作饼干面团

1 将黄油放进调理盆中，用打蛋器搅打至呈乳霜状。再分3次加入细砂糖，充分搅拌均匀至泛白的程度。

2 依序加入盐、杏仁粉，每次加入都要搅拌均匀。

3 杏仁粉混匀后，加入低筋面粉，用橡皮刮刀以切拌方式混合。

4 面粉混合均匀后，用橡皮刮刀以刮拌方式搅拌成团状，再包上保鲜膜，并放入冰箱静置1小时。

揉捏成型并烘烤

5 将面团取出，置于撒好手粉（低筋面粉，分量外）的工作台面上，取出1个直径2cm圆球的分量，剩下的面团用刀分成8等份。

6 将做法5分别用手揉圆，其中一端搓尖成水滴状。将做法5取出的圆球也分成8等份，再分别揉成小圆球状。

7 在水滴状部分的中心处用工具压出一道压痕，压痕两侧再用厨房剪刀各剪一刀，做成耳朵。接着粘上小圆球作为尾巴，轻压侧面，将面团捏成中间高高隆起的形状。

8 排入铺好烤盘纸的烤盘上，放入烤箱中，以170℃烘烤18~20分钟，再置于网架上冷却。

最后装饰

9 将糖浆放进调理盆中，趁做法8的饼干还温热的时候，用刷子在饼干表面刷上一层糖粉。

10 用竹签的尖端蘸少许食用色素（红色），画出兔子的眼睛。

POINT

如果兔子的身体捏成扁平的水滴状，烘烤出来的饼干就会变形成这副模样。建议最好是捏成稍微有点高度的形状。

FRIENDS OF THE FOREST

森林里的好朋友

用可可面团做出森林里的蘑菇、栗子。因为形状简单，
即使手指不灵巧的人也可以轻易做出来。
> >做法P76

MATRYOSHKA

俄罗斯娃娃

使用3种颜色的着色面团，做出色彩缤纷的饼干。脸部和头发待饼干烘烤完成后，再用巧克力笔画上去。

＞＞做法P78

COROCORO FRUIT

圆滚滚的水果

草莓、橘子、葡萄……做出像过家家道具一样的可爱水果！为避免颜色过深，食用色素请一点一点地放入混合。

＞＞做法P79

森林里的好朋友

材料 [各4个]

无盐黄油	50g
细砂糖	35g
盐	1小撮
杏仁粉	25g
低筋面粉	65g
可可粉	5g
食用色素（红、橘）	各少许
抹茶粉	少许

事前准备

○ 黄油置于室温下软化。

○ 杏仁粉、低筋面粉分别过筛。

○ 烤箱预热至170℃。

做法

制作饼干面糊

1 同P73"雪兔"做法①、②的方式制作杏仁黄油糊。

2 从做法1中取出55g的杏仁奶油糊，加上可可粉和30g的低筋面粉，同P73"雪兔"做法③、④的方式混合，做成褐色面团。再包上保鲜膜，放入冰箱静置1小时。剩下的杏仁奶油糊则加上低筋面粉，以相同方式混合，做成原色面团。

<褐色>杏仁黄油糊55g 可可粉5g	
	低筋面粉30g
<原色>杏仁黄油糊约55g 低筋面粉35g	

3 从做法2的原色面团中取出3个直径约2cm圆球的分量。视着色情况一点一点地分别加入食用色素（红、橘）、热水溶化的抹茶粉混匀，做成3色的面团。再分别包上保鲜膜，放入冰箱静置1小时。

<粉红色>	<原色>直径2cm
	食用色素（红）少许
<橘色>	<原色>直径2cm
	食用色素（橘）少许
<绿色>	<原色>直径2cm 抹茶粉少许

揉捏成型并烘烤

4 以做法**2**的原色面糊做出蘑菇
柄、橡子的果实、栗子的下半部
分。

- 取出12g分成4等份，揉捏成
  蘑菇柄的形状。
- 取出40g分成4等份，揉捏成
  橡实的形状。
- 剩下的面团分成4等份，揉捏
  成栗子下半部的形状。

5 以做法**2**的褐色面团做出蘑菇
伞、橡实的帽子、栗子的上半
部。

- 取出40g分成4等份，揉捏成
  蘑菇伞的形状后，再将其粘在
  做法**4**的蘑菇柄上。
- 取出12g分成4等份，揉捏成
  橡实帽子的形状后，再将其粘
  在做法**4**的果实下半部上。
- 剩下的面团分成4等份，揉捏
  成栗子上半部上。再用竹签之
  类的加上花纹。

6 以做法**3**的着色面糊做出蘑菇上
的圆点图案。

- 将各色面团分成适当的数量并
  揉成小圆球，将其粘在做法**5**
  的蘑菇伞上。

7 排入铺好烤盘纸的烤盘上，放入
烤箱中，以170℃烘烤16～18分
钟，再取出置于网架上冷却。

俄罗斯娃娃

材料［各3个］

无盐黄油……………………… 100g
细砂糖………………………… 60g
盐…………………………… 1小撮
杏仁粉………………………… 50g
低筋面粉……………………… 140g
食用色素（红、黄）………各少许
抹茶粉………………………… 1/4小匙
巧克力笔（褐、粉红）…… 各1支

事前准备

○ 黄油置于室温下软化。

○ 杏仁粉、低筋面粉分别过筛。

○ 烤箱预热至170℃。

做法

制作饼干面糊

1 同P73"雪兔"做法①、②的方式制作杏仁黄油糊。

2 从做法**1**中取出40g的杏仁黄油糊，加上抹茶粉和30g低筋面粉，同P73"雪兔"做法③、④的方式混合，做成绿色面团。再包上保鲜膜，放入冰箱静置1小时。剩下的杏仁黄油糊则加上低筋面粉，以相同方式混合，做成原色面糊。

<绿色>杏仁黄油糊40g 抹茶粉1/4小匙	
低筋面粉30g	
<原色>杏仁黄油糊约170g（剩下的全部）	
低筋面粉110g	

3 取2个调理盆，各放入1/4量做法**2**的原色面糊。视着色情况一点一点地分别加入食用色素（红、黄）混合均匀，做成2色的面糊。再分别包上保鲜膜，放入冰箱静置1小时。

揉捏成型并烘烤

4 以做法**2**的原色面团做出娃娃的脸部和身体。

● 取出1/3量并分成9等份，分别揉圆压平，做成脸部。

● 剩下的面团分成9等份，分别揉圆，做成身体。

5 从做法**2**的绿色面团和做法**3**各色面团中取出各2/3量，再各分成3等份，分别揉圆，做成头部。将做法**4**的脸部贴上去，下面再粘接上身体。

6 利用做法**5**中，剩下的各色面团做出装饰。

● 将各色面团再各分成7等份，各色面团各取3个揉捏成细长状，将其粘在做法**5**的头部上。

● 剩下的各色面团各取3个揉捏成细长状，将其粘在做法**5**的底部。

● 用剩下的各色面团再各揉捏出6个水滴状，粘在颈部作为蝴蝶结，剩下则揉圆粘在做法**5**的身体上作为纽扣。

7 排入铺好烤盘纸的烤盘上，放入烤箱中，以170℃烘烤16～18分钟，再取出置于网架上冷却。待饼干完全冷却后，以热水温热的褐色巧克力笔画出俄罗斯娃娃的眼睛、嘴巴和头发，再以粉红色巧克力笔画出脸颊。

圆滚滚的水果

材料[各4个]

无盐黄油……………………… 50g

细砂糖…………………………… 30g

盐………………………………… 1小撮

杏仁粉…………………………… 25g

低筋面粉………………………… 70g

食用色素（红、橘、紫）…各少许

抹茶粉……………………………少许

事前准备

○黄油置于室温下软化。

○杏仁粉、低筋面粉分别过筛。

○烤箱预热至170℃。

做法

制作饼干面糊

1 同P73"雪兔"做法①、②的方式制作杏仁黄油糊。

2 从做法**1**中取出10g的杏仁黄油糊，加上抹茶粉和7g低筋面粉，同P73"雪兔"做法③、④的方式混合，做成绿色面团。接着再包上保鲜膜，放入冰箱静置1小时。剩下的杏仁黄油糊则加上低筋面粉，以相同方式混合，做成原色面糊。

<绿色>	杏仁黄油糊10g 抹茶粉少许
▮	低筋面粉 7g
<原色>	杏仁黄油糊约95g（剩下的全部）
▮	低筋面粉63g

3 取3个调理盆，各放入1/3量做法**2**的原色面团。视着色情况一点一点地分别加入食用色素（红、橘、紫）混合均匀，做成3色的面团。接着再分别包上保鲜膜，放入冰箱静置1小时。

<粉红色>	<原色>1/3量
▮	食用色素（红）少许
<橘色>	<原色>1/3量
▮	食用色素（橘）少许
<紫色>	<原色>1/3量
▮	食用色素（紫）少许

揉捏成型并烘烤

4 用做法**3**的面团做出水果的果实，以做法**2**的绿色面团做出叶子。

● 将粉红色面团分成4等份，分别揉圆，做成草莓的果实。

● 将橘色面团分成4等份，分别揉圆，做成橘子的果实。

● 将紫色面团分成24等份，分别揉圆，每6个粘在一起，做成葡萄的果实。

● 将绿色面团分成12等份，做出各个水 果的果蒂或叶子4片，分别粘在果实上。

5 排入铺好烤盘纸的烤盘上，放入烤箱中，以170℃烘烤16～18分钟，再取出置于网架上冷却。

SNOWMAN
AT CHRISTMAS

雪人的圣诞节

以色彩缤纷的巧克力装点而成的雪人。圆滚滚的帽子和靴子
也充满季节感，非常适合圣诞节派对。

＞＞做法P82

HEDGEHOG

刺猬

摆上满满的巧克力豆当作刺猬背上的刺。每一个的表情都有
细微差异，相当可爱！

＞＞做法P83

雪人的圣诞节

材料 [各3个]

无盐黄油························· 50g

细砂糖··························· 30g

盐····························· 1小撮

杏仁粉··························· 25g

低筋面粉························· 70g

巧克力笔（褐、白、粉红、抹茶）

····························· 各1支

彩色巧克力豆（小）··········· 9颗

事前准备

○ 黄油置于室温下软化。

○ 杏仁粉、低筋面粉分别过筛。

○ 烤箱预热至170℃。

做法

制作饼干面糊

1 同P73"雪兔"做法①、②的方式制作面团。

揉捏成型并烘烤

2 将做法1的面团分成4等份。其中1个面团再分成3个小等份，揉捏成靴子的形状，以相同方式，将另一个面团也分成3个小等份，揉成帽子的形状。剩下的2个面团各分成3个小等份，每2个粘在一起，做出3个雪人。

3 排入铺好烤盘纸的烤盘上，放入烤箱中，以170℃烘烤16～18分钟，再取出置于网架上冷却。

最后装饰

4 待做法3的饼干完全冷却后，以热水温热的巧克力笔画上图案。雪人的部分是以褐色巧克力笔画出眼睛、嘴巴、纽扣，再依喜好的颜色画出围巾和帽子，最后将彩色巧克力豆固定在帽子上面，靴子和帽子的部分则是用喜好的颜色画出装饰的边框。

5 用剩下的巧克力笔在帽子尖端和靴子中间位置挤上少量巧克力，再放上彩色巧克力豆，最后放入冰箱冷藏10分钟以上，使其冷却凝固。

刺猬

材料［8个］

无盐黄油·························· 50g
细砂糖···························· 30g
盐······························ 1小撮
杏仁粉···························· 25g
低筋面粉·························· 70g
巧克力···························· 60g
（板状巧克力约1片）
巧克力豆························ 100g

事前准备

○黄油置于室温下软化。

○杏仁粉、低筋面粉分别过筛。

○烤箱预热至170℃。

○以烤盘纸制作1个圆锥形挤花袋
（P10）。

做法

制作饼干面糊

1 同P73"雪兔"做法①～④的方
式制作面团。

揉捏成型并烘烤

2 将做法1分成8等份，分别揉圆，
其中一端搓尖成水滴状。

3 排入铺好烤盘纸的烤盘上，放入
烤箱中，以170℃烘烤18～20分
钟，再取出置于网架上冷却。

最后装饰

4 将巧克力切细碎状放入调理盆
中，隔水加热熔化。

5 待做法3的饼干散热冷却后，捏
着饼干尖端的部分，让刺猬后背
的位置蘸上做法4的巧克力。

6 将巧克力豆放入调理盆中，把
做法5蘸上巧克力的部分向下轻
压，粘上巧克力豆。将其排在网
架上，用镊子等整理一下形状。

7 将做法5剩下的巧克力再次隔水
加热熔化，装入圆锥形挤花袋
中。在做法6上画出眼睛、鼻
子，最后放入冰箱冷藏10分钟以
上，使其冷却凝固。

第五章
PART
♡ 5
DECO COOKIES

COOKIE CRAFT

在特别的日子里想来制作的立体饼干！
饼干手工艺品

将烘烤完成的饼干加以组合成立体的饼干工艺品。用不易破裂、容易组合、稍硬的饼干体制作而成。可作为圣诞节等大型活动的装饰，请务必挑战看看！

圣诞节前夕

将撒得满满的糖粉当成纯白的雪。看上去就像蹦蹦跳跳的可爱兔子，最后再画上红色的眼睛作为重点装饰。

圣诞树＞＞做法P90
饼干屋＞＞P86

CHRISTMAS EVE

圣诞老人和驯鹿 > > P92

COOKIE HOUSE
饼干屋　　纸型＞＞P102

材料［直径13cm×高12cm的饼干屋1个］

饼干面团

无盐黄油……………………	150g
糖粉………………………	180g
盐…………………………	1小撮
蛋液………………………	$1\frac{1}{2}$个
低筋面粉…………………	408g

（基本饼干面团用360g+着色面糊用48g）

可可粉……………………	2小匙
黑可可粉…………………	2小匙
糖果（喜好的颜色）…	合计4～5颗

糖霜（方便制作的分量）

蛋白………………	36g（约1个）
糖粉………………………180～200g

装饰

造型颗粒（小熊）……………	2个

事前准备

○黄油置于室温下软化。

○糖粉、低筋面粉分别过筛。

○烤箱预热至170℃。

○以烤盘纸制作3个圆形挤花袋（参照P10）。

○糖果分别敲成细碎。

做法

制作基本饼干面团

1 同P37"重点装饰的饼干"做法①、②的方式制作黄油蛋糊。

2 从做法**1**中取出80g的黄油蛋糊作为着色的面糊。剩下的黄油蛋糊则加上360g的低筋面粉，用橡皮刮刀以切拌方式混合。面粉混合均匀后，用橡皮刮刀以刮拌方式继续搅拌成团状，再包上保鲜膜，放入冰箱静置1小时。

制作着色面糊

3 将做法**2**取出的黄油蛋糊各放入40g分至2个调理盆中，再加上下表的材料，做成2色的面糊。面糊呈现滑顺状后，再分别装入圆锥形挤花袋中。

<褐色>	黄油蛋糊40g 可可粉2小匙
███	低筋面粉24g 水 20ml
<黑色>	黄油蛋糊40g
███	黑可可粉2小匙
	低筋面粉24g 水20ml

切出饼干造型并画上图案

4 取出做法**2**的面团，置于撒好手粉（低筋面粉，分量外）的工作台面上，用擀面杖擀开成5mm的厚度。放上纸型，再用刀子切出各2片的屋顶、墙壁a、墙壁b（窗户的部分要挖空）以及底座、门各1片。

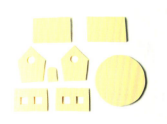

5 在做法**4**的屋顶、底座和门上，以做法**3**的着色面糊分2次画上图案，每次画好后都要排入铺好烤盘纸的烤盘上，以170℃的烤箱烘烤。

【第1次】画出以下的部分后，烘烤1分钟。

<褐色>：挤上褐色面糊，覆盖住整个屋顶和门表面。

<黑色>：挤上黑色面糊，覆盖住整个底座表面。

【第2次】取出烤箱，画上以下的部分后，再烘烤14～16分钟。

<黑色>：挤上黑色面糊画出屋顶和门的豹纹图案、门的把手。

烘烤完成后，再取出置于网架上冷却。

6 以做法**3**的褐色面糊在做法**4**墙壁a、墙壁b的边缘画线框起来。接着排入铺好烤盘纸的烤盘上，放入烤箱中，以170℃先烤个10分钟。

7 从烤箱取出，把敲碎的糖果紧密地排入做法**6**的窗户部分，继续烘烤2~5分钟，烘烤至糖果完全熔化。

8 直接置于烤盘上冷却，待饼干完全冷却后，再将烤盘纸撕下。

制作糖霜并组装

9 将蛋白放进调理盆中，加入180g的糖粉，用橡皮刮刀搅拌至均匀滑顺。接着依情况一点一点地加入糖粉，调整至以橡皮刮刀舀起时，糖霜会慢慢滴落的程度。再装入圆锥形挤花袋中，作为组装时的黏合剂用。

10 以做法**9**的糖霜将做法**8**的墙壁a、墙壁b组装粘成箱形。再置于常温下10分钟左右，使其凝固。

11 待做法**10**的饼干完全凝固后，在底座挤上做法**9**，将其粘在底座的中央位置。

12 在做法**11**的饼干上挤上做法**9**的糖霜，把屋顶粘上去。

13 在门的背面挤上做法**9**的糖霜，将其粘在做法**12**墙壁b的其中一边上。置于常温下10分钟左右，使其凝固。

14 将剩下做法**9**的糖霜挤在屋顶上面和边缘上，当成雪。接着在底座上分次少量地挤出圆点图案。最后再将喜好的位置上挤上少量的糖霜，再将小熊的造型糖粒放上去固定。

※嵌入窗户里的糖果，烘烤完成后，若置于温度较高的房间时间过长，就会开始融化，所以要注意。

89

FIR TREE
圣诞树

材料［直径9cm×高11cm的圣诞树1个］

饼干面团

无盐黄油	50g
糖粉	60g
盐	1小撮
蛋液	1/2个
低筋面粉	150g
抹茶粉	1/2大匙

糖霜（方便制作的分量）

蛋白	18g（约1/2个）
糖粉	90~100g
食用色素（黄）	少许

装饰

糖珠（金、银）	各适量

事前准备

○黄油置于室温下软化。

○糖粉过筛。

○低筋面粉和抹茶粉加在一起过筛。

○烤箱预热至170℃。

○以烤盘纸制作2个圆锥形挤花袋（参照P10）。

做法

制作饼干面团

1 同P55"郁金香花海"做法①、②的方式制作黄油蛋糊。

2 加入低筋面粉和抹茶粉，用橡皮刮刀以切拌方式混合。粉类混合均匀后，用橡皮刮刀以切拌方式混合。粉类混合均匀后，用橡皮刮刀以刮拌方式继续搅拌成团状，再包上保鲜膜，放入冰箱静置1小时。

切出饼干造型烘烤

3 将面团取出，置于撒好手粉（低筋面粉，分量外）的工作台面上，用擀面杖擀开成5mm的厚度。先用5种大小不同的星形饼干压模压出星形面皮（最小的星形和次大的星形各压出2片），再用直径6cm的圆形压模压出底座的部分。

4 排入铺好烤盘纸的烤盘上，放入烤箱中，以170℃烘烤12～14分钟，再置于网架上冷却。

制作糖霜

5 将蛋白放进调理盆中，加入90g的糖粉，用橡皮刮刀搅拌至均匀滑顺。接着依情况一点一点地加入糖粉，调整至以橡皮刮刀舀起时，糖霜会慢慢滴落的程度。取出1大匙的分量备用，剩下的糖霜装入圆锥形挤花袋中，完成白色糖霜。

6 将做法**5**取出的糖霜加入食用色素（黄）混合，装入圆锥形挤花袋中，完成黄色糖霜。

画上图案并组装

7 以做法**6**的黄色糖霜涂抹在一片做法**4**最小的星形饼干上。置于常温下放干。

8 在做法**4**的圆锥形饼干上挤上做法**5**的白色糖霜，再把做法**4**最大的星形饼干粘上去。

9 在做法**8**的饼干上面随意挤上白色糖霜，当作是雪。中心部分再挤上一小球黏合用的白色糖霜，将次大的星形饼干稍微错开地放上去。

10 以相同方式，依由大到小的顺序，将星形饼干叠起来。

11 待做法**10**的饼干干燥后，在最上面挤上白色糖霜，将做法**7**的星形饼干立起后粘上去。最后在圣诞树各处平均地挤上少量的白色糖霜，将糖珠放上去固定。

圣诞老人和驯鹿 纸型＞＞P103

材料［驯鹿3只和载着圣诞老人的雪橇1个］

饼干面团

无盐黄油·························· 50g

糖粉······························· 70g

盐································· 1小撮

蛋液······························· 1/2个

低筋面粉······················· 170g

糖霜（方便制作的分量）

蛋白·············· 18g（约1/2个）

糖粉······················ 90~100g

食用色素（红、绿、橘）···各少许

黑可可粉····················· 1/4小匙

装饰

棉花糖（小）················· 10个

事前准备

○黄油置于室温下软化。

○糖粉、低筋面粉分别过筛。

○烤箱预热至170℃。

○以烤盘纸制作5个圆锥形挤花袋（参照P10）。

做法

制作饼干面团

1 同P55"郁金香花海"做法①~④的方式制作面团。

切出饼干造型并烘烤

2 取出做法**1**的面团，置于撒好手粉（低筋面粉，分量外）的工作台面上，用擀面杖擀开成4mm的厚度。放上纸型，再用刀子切出驯鹿身体3片、脚6片、雪橇的侧面2片、前后和底板各1片、圣诞老人1片。

3 排入铺好烤盘纸的烤盘上，放入烤箱中，以170℃烘烤12~14分钟，再置于网架上冷却。

制作糖霜

4 将蛋白放进调理盆中，加入90g的糖粉，用橡皮刮刀搅拌至均匀滑顺。接着依情况一点一点地加入糖粉，调整至以橡皮刮刀舀起时，糖霜会慢慢滴落的程度。

5 取4个容器，分别放入1大匙做法**4**的糖霜，其中3个分别加上食用色素（红、绿、橘），搅拌均匀，做成红色、绿色、浅橘色的糖霜。最后1个加上黑可可粉，做成黑色糖霜（若结块时，请加水调整）。将其分别装入圆锥形挤花袋中。剩下的糖霜则装入圆锥形挤花袋中，完成白色糖霜。

画上图案并组装

6 待做法**3**的饼干完全冷却后，再以做法**5**的各色糖霜画上图案。

驯鹿

以白色糖霜画出鹿角，以红色糖霜画出鼻子和项圈，再以黑色糖霜画出眼睛和脚上的蹄。

雪橇

以白色糖霜画线框起雪橇的侧面和前后板子的边缘。再以绿色糖霜在侧面画出冬青的叶子，以红色糖霜画出冬青的果实。

圣诞老人

以浅橘色糖霜画出脸部。干燥后以红色糖霜画出衣服和帽子。干燥后再以白色糖霜画出胡须、帽子的边缘和装饰、眉毛，以黑色糖霜画出眼睛。

7 在驯鹿脚部的凹槽挤上白色糖霜后，插入身体，组装起来。雪橇则是将侧面和前后、底板以白色糖霜组装成箱形。

8 待做法**7**完全干燥后，在雪橇上装满棉花糖当作是礼物，再摆上圣诞老人。

※请将驯鹿身体的面团擀成4mm的厚度。若过厚的话，脚的部分就无法和身体组装起来。

做出漂亮饼干的小诀窍
彩绘♡装饰小饼干的做法Q&A

关于材料

Q 砂糖用普通的上白糖也可以吗？

A 用等量的细砂糖或上白糖来代替糖粉，也能顺利将烘烤完成，不过酥脆感会稍差一些，如果加上白糖，饼干会较为湿润甜腻。使用上白糖的话，也会较容易出现烤焦色。使用糖粉的面皮，即使切下来烘烤，也可以烘烤出确实带有尖角的漂亮形状，所以制作切模饼干的时候，最好还是使用糖粉。
PART4 "雪球饼干"虽然是建议用轻甜的细砂糖，不过用糖霜做出来的饼干也很美味。

Q 任何种类的食用色素都可以吗？

A 本书中所使用的是呈糊状的"CK食用色素"，不过用一般粉末状的色素也可以。这样的话，请用"红色"和"黄色"混合做成"橘色"。另外，也有从植物等天然原料萃取出来的天然食用色素。虽然颜色略显素雅，不过对于在意化学合成添加物的人来说，使用天然食用色素可以较为放心。

CK食用色素丰富多彩的颜色组合是其一大魅力。

Q 使用有盐黄油也可以吗？

A 有盐黄油中所含约2%的盐分，会使饼干的甜味过于浓厚。故对于大量使用黄油的饼干，建议使用不添加食盐的黄油。

关于做法

Q 黄油以微波炉加热熔化也可以吗？

A 置于室温下软化的黄油，搅拌时可将空气打入，赋予饼干体酥松感。若是熔化的黄油做出来的则略显黏腻，风味也会跑掉。此外，以熔化黄油制作的话，面皮会有太软不易切的缺点。虽然有些麻烦，建议还是将黄油置于常温下软化后再搅拌至乳霜状。

Q 面皮太软，无法切出漂亮的形状。

A 在常温下长时间进行制作的话，面皮中的黄油就会融化，变软不易制作。面团擀开之后，将马上要用的分量取出，剩下的面皮请放入冰箱冷藏备用。在放上纸型切下面皮的中途也一样，变得不太好切时，就先暂时放入冰箱冷却变硬吧！

Q 烘烤出来的颜色变淡了。

A PART 2 "手绘饼干"烘烤出来的饼干颜色与烘烤前的面皮颜色比较一致，但PART 1 "色彩缤纷的饼干"烘烤后颜色会变得稍淡些。所以请在添加食用色素时，边观察着色情况，将其调成稍微深一点的颜色。另外，为避免颜色不均匀，充分搅拌均匀也是制作的重点。

色彩缤纷的饼干，烘烤出来的颜色（照片右）会比面皮（照片左）颜色稍淡。

关于保存

Q 最多可以放多久？

A 常温下放置2周左右是没有问题。但是由于饼干很容易吸收湿气，所以请与干燥剂一起放入密封袋中保存吧！尚有余温时就密封起来的话，饼干就会受潮，所以请注意要完全冷却再密封。另外，并不建议将饼干冷冻保存，但若是烘烤前的面皮则可以冷冻保存1个月左右。

Q 面团冷冻保存可以放多久？

A 面团直接冷冻的话，较不易解冻，所以建议先擀薄之后再冷冻。面皮要包上保鲜膜避免表面干燥，再放入密封袋等就可以了。解冻时将面皮移至冷藏室慢慢解冻。呈现半解冻的状态时，就可以切模。若是PART 2的"着色面糊"在装入圆锥形挤花袋前的状态下，可以放入密封容器中冷冻。

以这个状态倒入密封容器里，放进冷冻库。等完全解冻之后，再装入圆锥形挤花袋中。

PAPER PATTERN

彩绘♡装饰小饼干的纸型

集合了本书所介绍的饼干纸型和图样范本！
请参考下面的使用方法，做出可爱的彩绘小饼干吧。

COLORFUL COOKIE

ICING COOKIE

PAINTING COOKIE

STAINED GLASS COOKIE

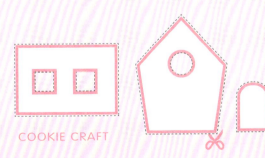

COOKIE CRAFT

纸型的使用方法

- 请将纸型分别影印放大150%，用剪刀等工具裁剪下来。

- 将剪下的纸型置于擀开的饼干面皮上面使用。请一边用手轻轻压住，一边用刀子等沿着纸型外侧的线条切下。

- "爱丽丝梦游仙境（P14）""小红帽＆大灰狼（P16）""女儿节娃娃（P22）"沿着纸型外侧的线条切下之后，再切出细小的部位。请将纸型沿着内侧的线用剪刀剪开来使用。

- 为了让饼干完成时的模样更容易理解，在纸型上也画有需以巧克力笔或糖霜做装饰，或是在饼干面皮上直接手绘的部分的图样。

青蛙王子 > > P08

爱丽丝梦游仙境 > > P12

小红帽 > > P13

大灰狼 > > P13

贵妇犬 > > P18

小猫 > > P18

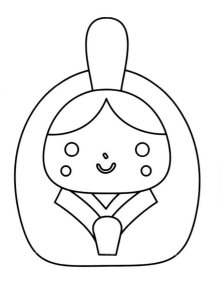

女儿节娃娃 > > P19

ICING COOKIE

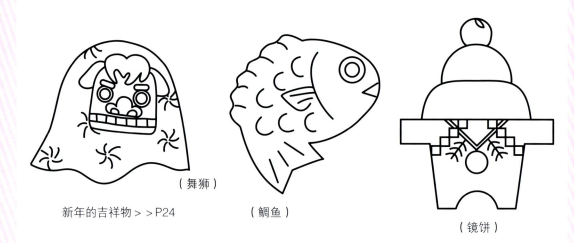

（舞狮）

新年的吉祥物＞＞P24

（鲷鱼）

（镜饼）

鲤鱼旗＞＞P28

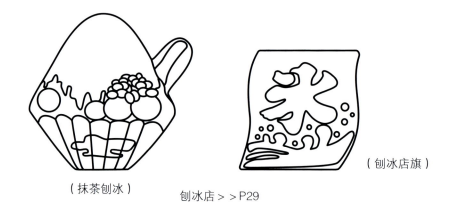

（抹茶刨冰）

刨冰店＞＞P29

（刨冰店旗）

PAINTING COOKIE

恋爱中的骷髅头 > > P38

（奶瓶）

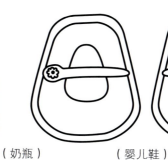 

（婴儿鞋）

婴儿礼品 > > P43

羊驼三兄妹 > > P48

（信件）

（礼物）

礼物&信件 > > P50

STAINED GLASS COOKIE

郁金香花海＞＞P52

圣诞节装饰品
（蜡烛）＞＞P56

啤酒＞＞P60

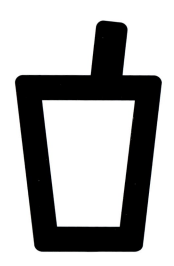

苏打水＞＞P60

订婚戒指＞＞P57

水果篮（苹果）＞＞P61

时尚太阳眼镜＞＞P61

水果篮（柠檬）＞＞P61

水果篮（柳橙）＞＞P61

COOKIE CRAFT

饼干屋 > > P84

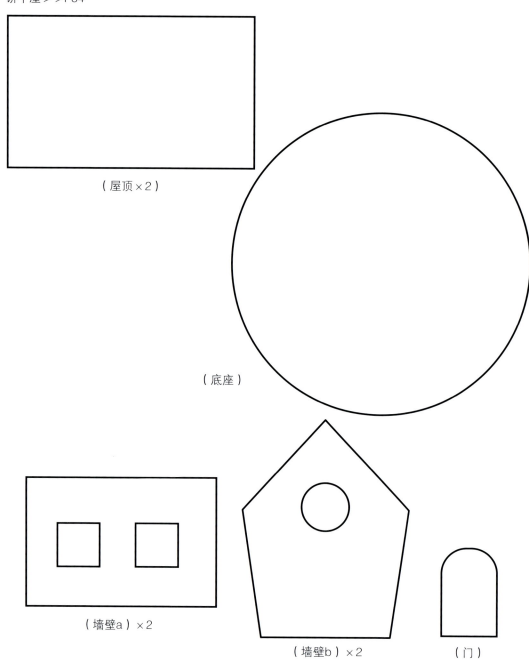

（屋顶×2）

（底座）

（墙壁a）×2

（墙壁b）×2

（门）

圣诞老人和驯鹿 > > P85

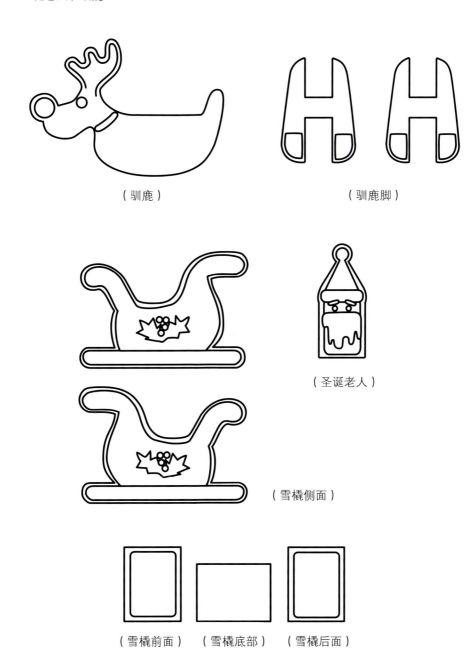

（驯鹿）

（驯鹿脚）

（圣诞老人）

（雪橇侧面）

（雪橇前面）　（雪橇底部）　（雪橇后面）

Original Japanese title:DECO COOKIE NO HON
by Junko
copyright © 2012 Junko.
Original Japanese edition published by Shufu-to-Seikatsu-Sha Co.,Ltd.
Simplified Chinese translation rights arranged with Shufu-to-Seikatsu-Sha Co.,Ltd.
through The English Agency (Japan) Ltd. and Eric Yang Agency

© 2015，简体中文版权归辽宁科学技术出版社所有。
本书由株式会社主妇与生活社授权辽宁科学技术出版社在中国出版中文简体字版本。著作权合同登记号：06-2014第167号。

图书在版编目（ＣＩＰ）数据

彩绘♡装饰小饼干 /（日）Junko著；谭颖文译. —沈阳：辽宁科学技术出版社，2015.4
ISBN 978-7-5381-9019-9

Ⅰ.①彩…　Ⅱ.①J…②谭…　Ⅲ.①饼干—制作　Ⅳ.①TS213.2

中国版本图书馆CIP数据核字（2015）第023331号

出版发行：辽宁科学技术出版社
　　　　　（地址：沈阳市和平区十一纬路29号　邮编：110003）
印　刷　者：辽宁一诺广告印务有限公司
经　销　者：各地新华书店
幅面尺寸：168mm×236mm
印　　　张：6.5
字　　　数：100千字
出版时间：2015年4月第1版
印刷时间：2015年4月第1次印刷
责任编辑：康　倩
封面设计：袁　舒
版式设计：袁　舒
责任校对：栗　勇

书　　号：ISBN 978-7-5381-9019-9
定　　价：32.00元

联系电话：024-23284367　联系人：康　倩　编辑
地址：沈阳市和平区十一纬路29号　辽宁科学技术出版社
邮编：110003
E—mail: 987642119@qq.com